U0214066

《扬州文化名城保护与复兴》丛书

编 辑 委 员 会

主　任：谢正义　朱民阳　洪锦华

副主任：陈　扬　陈锴竑　陈卫庆

董玉海　王克胜　洪　军

林正玉　李忠盛　王　骏

委　员：冬　冰　王虎华　杨正福

张福堂　汤卫华　华德荣

赵御龙　刘　流　殷元松

李继业　季培均　叶善祥

主　编：洪锦华

副主编：王克胜　王　骏　冬　冰

编　辑：王虎华　方晓伟　邱振华

汤　颖

扬州文化名城保护与复兴丛书

丛书主编：洪锦华

# 2500年的文化名城

## 扬州古城保护与复兴之路

主编：王虎华

广陵书社

图书在版编目（CIP）数据

2500年的文化名城 : 扬州古城保护与复兴之路 / 王虎华主编. -- 扬州 : 广陵书社, 2016.12
（扬州文化名城保护与复兴丛书 / 洪锦华主编）
ISBN 978-7-5554-0674-7

Ⅰ. ①2… Ⅱ. ①王… Ⅲ. ①古城－保护－研究－扬州 Ⅳ. ①TU984.253.3

中国版本图书馆CIP数据核字(2016)第292323号

丛 书 名　《扬州文化名城保护与复兴》丛书
丛书主编　洪锦华
书　　名　2500年的文化名城——扬州古城保护与复兴之路
主　　编　王虎华
责任编辑　丁晨晨
出版发行　广陵书社
扬州市维扬路349号　　邮编　225009
http://www.yzglpub.com　　E-mail:yzglss@163.com
印　　刷　扬州江扬印务有限公司
开　　本　720毫米×1020毫米　1/16
印　　张　13.25
字　　数　180千字
版　　次　2016年12月第1版第1次印刷
标准书号　ISBN 978-7-5554-0674-7
定　　价　55.00元

# 丛书序言

洪锦华

扬州是一座有着2500年历史的文化名城。漫长的历史给扬州留下了灿烂的文化、厚重的底蕴。这座“通史式城市”数度繁盛,创造了廛闬扑地、歌吹沸天、商贾如织、富甲天下、名动四海的辉煌。然而,在经历了清康乾时期的繁华和喧嚣之后,由于丧失了盐运的独有优势,加上交通格局的多元化,扬州的枢纽城市地位迅即失却,经济日渐式微。从此,扬州似乎逐步远离了世人关注的目光。

祸福倚伏,近代扬州衰落的同时,也给后人留下了一份价值无法估量的历史文化遗产。1982年,国务院公布首批24座中国历史文化名城,扬州赫然在列。

扬州无愧于首批中国历史文化名城的称号。这固然缘于她拥有辉煌的历史以及前人慷慨馈赠的文化遗产,但同时也缘于后人对这段光辉历史的敬畏以及对这份宝贵遗产的精心呵护。建国之后,改革开放以来特别是进入新世纪以来,在经济和城市发展滚滚车轮的急骤节拍中,历届市委、市政府以敬畏历史、敢于担当的责任意识,踏实而从容地迈着前行的步伐,传承着优秀的传统文化,同时又在不断叩击着构建现代文明的崭新梦想。

久久为功,驰而不息。进入新世纪,扬州以一座风格独特的历史文化名城形象,再度引起世人的瞩目。是什么让我们又一次为这座历史文化名城感到自豪?千头万绪,归根结底,是我们坚守了文化名城保护和复兴之路,是我们在城市的建设和管理中努力传承和彰显的那固有的特质和个性,使我们在“千城一面”的城市特色危机中化茧成蝶、脱颖而出。扬州,这座美丽的城市，因为放射出古代文化与现代文明交相辉映的光华而再次享誉世界。

古城保护与改造是一道世界性难题。举目四望，有的大拆大建，丢失了城市固有的历史文脉与价值；有的固守传统，却不能充分绽放出对现代人的吸引。扬州对古城的成功保护，源自清醒的认识和科学的发展思路。简略言之，可以浓缩为十二个字："护其貌、美其颜、扬其韵、铸其魂。"实践有力地证明，加强古城保护，彰显古城特色，激发古城活力，促进古城可持续发展，具有重大的现实意义和历史意义。

文化古城是市民的共有家园，文化遗产是人类的共同财富。可以说，全面保护古城，业已凝聚为扬州的"城市意志"。历届市委、市政府都严守一条"铁律"：规划古城修缮与改造，必须广泛倾听各方意见。正因为如此，扬州古城历史格局才得以基本完整保留，这在全国130座历史文化名城中甚为少见。

市委决定由市政协牵头组织编撰这套《扬州文化名城保护与复兴》丛书，主要是出于这么几点考虑：

首先，对名城保护与复兴做一次回望具有重要意义。编撰一套丛书，其重要性在于：通过回望，记述名城保护与复兴的起因、过程与艰辛，可以为这座名城的后来人知晓这段经历提供依据。

其次，对名城保护与复兴做一个总结很有必要。扬州的名城保护与复兴，在全国堪称典范。长期以来，历届市委、市政府在文化名城保护方面做了大量工作，一批文化人和广大市民也作出了重要贡献。现在，名城保护与复兴取得了决定性胜利，这是我们几十年努力的结果。认真总结名城保护与复兴的成功经验和有效做法，可以为同类城市提供借鉴。

第三，对名城保护与复兴做一个记录很有价值。当代人口述和记录当代史，其价值越来越受到人们的重视。就扬州文化名城保护与复兴的伟大事业而言，有完整的资料，可以查阅引用；很多当事人都在，可以提供鲜活素材；很多人既是当事人，又是见证人。这样，可以既写得客观公正，又写得生动可读。丛书由市政协来牵头组织，以文史书籍的形式编辑出版，也是考虑对历史负责，使丛书尽量具有权威性。

丛书力求体现几个核心思想：一是敬畏意识，注重表达我们对历史的敬畏之情；二是传承品德，注重记述我们届届传递，"一张蓝图绘到底"的坚定信念；三是工匠精神，注重总结我们力争做到精细、精致的主要做法；四是舍得投入，注重反映我们保护与复兴古城的坚强决心；五是市民参与、社会参与，注重记录我们对全体市民为古城保护所作贡献的崇高敬意。

地域文化的优秀传统、丰厚遗产，是一个地方精之所存、气之所蕴，我们保护的目的是将历代的精神财富传承下去。《扬州文化名城保护与复兴》丛书的编纂，既是阶段性总结，也是继续前进的动力。

积跬步以至千里。扬州文化名城保护与复兴的千秋伟业，任重而道远，只有里程碑，没有终点站。

（作者为扬州市政协主席）

# 目　录

# 第一章 古城保护与复兴的“扬州蓝本”

站在扬州西北的蜀冈，极目远眺，一览无余。一座美丽的城市掩映在一片绿色葱茏之中，河城环抱，水城一体。扬州，这座有着2500年悠久历史的古城，便诞生在这片“精神高地”蜀冈之上。

蜀冈为长江北岸的阶地，土地平旷，北有溪河汇注的雷塘提供水源，适宜城市聚落。冈下最初为江水泛滥的河漫滩，地势低湿，不堪居住。至隋朝统一后的一千多年间，长江泥沙不断往北岸堆积，边滩淤涨，主流南移。蜀冈下展现出四十里宽的冲积平原。城池的位置也经历一个由北向南、从冈阜到平原的历史变迁过程。

从春秋吴国的邗城，直至唐代扬州子城，虽经多次兴废修筑，但其位置都在蜀冈之上。魏晋南北朝以来，陆续有少量的人在蜀冈下垦田和居住。隋炀帝重开邗沟，绕蜀冈下而南，然官衙仍置于蜀冈之上。唐初，扬州大都督府衙等亦集中于蜀冈，皆未移下平地。隋代运河开通，而云集的工匠商贾，只能在近蜀冈下沿运河两岸的平地卜居择处。唐末至南宋时期，由于战争时起，城池兴废变迁频繁，城池位置也由蜀冈之上向蜀冈之下的平原过渡，并出现蜀冈上下并存城池的状况，如唐代的罗城和子城、宋三城，唐代的罗城和宋大城已经延伸至蜀冈下南达扬州城南运河。直到公元8世纪以后，即中晚唐时期，蜀冈下才成为人烟稠密的地方。

从南宋宋大城起，扬州城池已完全离开了蜀冈，便一直在平原建城，明代形成的扬州旧城和新城，已在蜀冈东南平原上相连，东南两面抵古运河，北界北城河，西至西门头道河，略成方形城厢。明清以来，直至新中国建立，扬州城区便一直以此为基础进行着城市建设。

## 第一节　从“吴城邗”到汉广陵城

春秋时期，吴王夫差修筑邗城便是有着 2500 年历史的扬州结缘蜀冈的开始，邗城的出现，标志着扬州这座运河城市的诞生，奠定了扬州沟通江淮的城市战略地位。

《左传》鲁哀公九年（周敬王三十四年，吴王夫差十年，公元前 486 年）载：“秋，吴城邗，沟通江淮。”这是有关邗城建造的最早的文字记述。

春秋末期，长江下游的吴国勃兴而起。与吴相邻并峙的是越国。两国是近邻，经常作战，兵戈不止。吴王阖闾时，任用军事家孙武为将，加强军备。周敬王二十六年（前 494），夫差攻越大胜，俘虏了越王勾践。越国求和，吴许越为属国。

古邗沟碑（王虹军摄）

夫差胜越后，认为已无后顾之忧，一心要北上伐齐、鲁，进军中原，和晋国争霸。就在此时，居于控江扼淮地位的邗地，受到夫差极大的重视，他在这里筑城用来屯兵储粮，以作为北上的指挥重镇。城筑于邗地，故名邗城。

邗城，这座最古的扬州城，“北抱雷陂，西据蜀冈”，城的南沿在蜀冈南麓断崖上，断崖下即是长江。城为方形，板筑城垣，周长约十里。城南有两道垣，外城垣和内城垣之间有濠，外城之外也有濠环绕。传说城没有南门，北面为水门，只有东西两面有城门。这种形制，与江南的越城、奄城遗址相似。

“吴城邗”，是扬州有史料记载的建城

的开始，邗城的修筑也开启了扬州 2500 年建城史。

公元前 473 年，越灭吴，邗城一度属越。公元前 334 年，楚国大破越国，尽取吴故地，此地属楚。据《史记》所载，周慎靓王定二年（前 319），“楚怀王槐城广陵”，即在邗城的基础上再次筑城。后置广陵邑，扬州自此有“广陵”之称，即广被丘陵的意思。

汉高祖十一年（前 196），异姓王英布谋反，击杀了同姓王刘邦的从兄荆王刘贾。刘邦率军亲征，次年击破英布于蕲西，英布为长沙王吴臣所诱杀。这次征伐中，刘邦哥哥刘仲的儿子刘濞参加了战斗。在回师路过家乡沛县时，刘邦感到荆地的重要，更荆国为吴国，封刘濞为吴王，迁都广陵。

把吴国的都城迁于广陵，不是随便的举动。从春秋末期吴都邗城，后来楚又增筑广陵城以迄于汉，由于没有遭到战争的破坏，城池一直保持完好，而汉初又无力新建都城，迁都广陵是必然的选择。正如史学家吕思勉先生说：“汉初以前，长江下游之都会，实惟吴（苏州）与广陵（扬州）。”这是邗城的故地。广陵给了刘濞好地方，也给了他好条件。

后来随着财力的充盈和人口的增加，刘濞对都城广陵加以扩建，城周十四里半，气派更为宏大。据《汉书 · 地理志》载：“广陵为吴王濞所都，城周十四里半。”汉广陵城的内城是重复于邗城遗址之上的，内城之东为汉代扩筑之城亦即外城，或可称为“东郭城”。城为版筑土墙，门阙处用砖瓦砌成，后世有人在缺口（城门所在）地下，发现过残破的绳纹汉砖和方状纹的汉瓦当。

汉代在蜀冈上建城的除了汉广陵城外，还有汉江都县城。

三国时，中原魏、吴之间的战争，主要发生在淮河以南、长江以北地区。广陵介于南北之间，吴国水军北上攻魏，必须经由邗沟，魏国南下攻吴，东路必经由广陵，广陵遂成为江淮军事重镇。这样的地理位置和军事地位，决定了这一地区人民的生活和经济状况。当局势相对稳定、战事较少时，人民的生活就比较安定，经济也有相当的发展；一旦发生战乱，生产停顿，

天山汉广陵王墓地宫(洪晓程摄)

经济就会遭到严重的破坏。整个三国时期,广陵为魏、吴两国边境,彼此争夺,所设郡县若有若无。根据有关史料,魏将邓艾屯田仅抵石鳖。考石鳖城在射阳界内,即今江苏宝应以西,地接淮泗的地方,可见广陵境内已成空旷之地了。

东吴五凤二年(255),孙亮当国,有意北伐,派卫尉冯朝城广陵,拜将军吴穰为广陵太守,广陵为吴所有。这是有记载的第三次重筑广陵城,更证明在此之前已经无城可言。刘濞所筑之城不再存在。

东晋时,桓温徙镇广陵,曾发动徐州、兖州二州的移民,修筑过这座广陵城。

南朝刘宋时,曾发生过宋孝武帝大明三年(459)残酷镇压在广陵的竟陵王刘诞的战争,广陵受到很大的屠戮。诗人鲍照写过一篇名文《芜城赋》,有人认为这是因广陵城受到很大破坏而作。但有学者指出:据《文选》

李善注，此赋是登广陵故城所作，赋中所写昔日盛况所指之广陵，是指汉景帝时吴王刘濞建都时的广陵，李善所谓“故城”，当非南朝时南兖州刺史所治的广陵城。再说刘诞举兵之事，宋孝武帝十分恼火，攻下广陵后，曾下令屠杀以泄愤。在这种情况下，鲍照冒着风险去凭吊兵火之余的广陵，似不甚近情理。再说他和刘诞也没有什么交往，不可能随便去冒犯刘宋孝武帝和当时攻打扬州的车骑大将军沈庆之，所以还是作为一般的凭吊古迹之作理解较为妥当。

当然，南朝和汉代相比，广陵城确是大大地衰弱了，已失去过去的繁华。鲍照在吊古的时候，不免有伤今的情绪，仍有其现实性。扬州有“芜城”之称，也是有典可据的。

## 第二节　从唐两重城到宋三城

隋开皇元年(581)，隋文帝杨坚统一中国，建立隋朝，把天下划分为四大行政区。隋代扬州沿用北周旧称为吴州，为全国四大行政区之一。隋开皇九年(589)，隋文帝杨坚改吴州为扬州，置总管府，公元590年晋王杨广任扬州总管，总管江淮以南44州军事政治事务，镇江都(即今扬州)，这是扬州城正式命名为扬州的开始。隋大业元年(605)，隋炀帝杨广登基，后废扬州总管府，改扬州为江都郡。

隋代扬州城的史籍记载很少：《元和郡县志》云，在江都县北四里，州城直北，置在陵上。《皇朝郡县志》云，即隋宫也。《嘉靖惟扬志》云，隋江都城在府西南四十六里，为江水所侵。

隋炀帝在扬州营建江都城，有隋江都宫城和东城，面积2.8平方千米。宫城、东城的四面均设有一门，据《资治通鉴》记有玄览门、芳林门、江都门等，其他门失载，西门今俗称“西华门”，东门今俗称“东华门”，城门之间有十字街道连接，城壕绕城而设。隋炀帝还在扬州营造了江都宫和归雁、回流、九里、松林、枫林、大雷、小雷、春草、九华、光汾十宫和显福、临江(扬子）等宫，辟上林苑、长阜苑、萤苑等大批行宫苑囿。其中，最著名的建筑有迷楼，还有成象殿、水精殿、凝晖殿、流珠堂等，富丽堂皇，今已不存。

隋亡以后，一个充满生机的唐王朝代之而兴，扬州城出现了新的变化。

在唐代，扬州交通要冲的地位促进了其经济长足发展，经济的繁荣又促进了城市建设的发展。唐代营造的扬州城是继西京长安和东京洛阳之后规模最大、最为重要的地方城市，也是唐代中国对外交往的重要港埠，在中国城市发展史上具有重要的意义。

对于这座为 9 世纪时大食（阿拉伯）地理学家伊本称作东方四大商港之一的扬州城，文献资料少而且简。唐诗中屡屡提到的“春风十里扬州路”“十里长街市井连”“九里楼台牵翡翠”等是笼统而朦胧的。杜牧《扬州三首》所说的“街垂千步柳，霞映两重城”，和《唐阙史》所说的“扬州，胜地也，每重城向夕……九里三十步街中，珠翠填咽”，透露出扬州为“重城”——即“子城”和“罗城”。比较明确的，是下面几条记载：一是日本

扬州唐城遗址（茅永宽摄）

僧人圆仁随遣唐使来华,他在《入唐求法巡礼行记》卷一(九月)十三日的记事中写道:“扬府南北十一里,东西七里,周四十里。”这是关于唐代扬州城的由日僧留下的最早的文献。二是宋代的沈括在《梦溪笔谈》的《补笔谈》中写道:“扬州在唐时最为富盛,旧城南北十五里一百一十步,东西七里三十步。”沈括是严肃的科学家和文学家,所说必当有据。三是元代的盛如梓在《庶斋老学丛谈》中写道:“今之扬州……其城即今宝祐,城周三十六里。”

经过新中国成立后几十年的考古发掘,通过科学研究,已大致弄清了唐代扬州城的规模与形制。上面提到,“两重城”即子城和罗城。

子城,亦称“牙城”或“衙城”,是扬州大都督府以下各种官署的集中地,也是原先隋炀帝江都宫的所在地。它在蜀冈之上,就是自吴王夫差都邗城以来,“由春秋迄唐,虽递有兴废,而未尝易地”的那个位置,是唐初在原有基础上扩展而成的。据测,唐代子城的四至是南墙西起观音山,向东偏北方向至铁佛寺东,全长 1900 米,这段城墙地面无痕迹,地下还保存近 4 米的夯土墙基。西面南起观音山,向北直至河西湾村的西北,全长 1400 米,至今仍保有高出地面 10 米的城垣,城垣外有护城河。北墙西端由于城西北角起,向东偏北长 700 米,折向尹家庄长 600 米,又向东转折至江庄村北长 900 米,总长计 2200 米。除被破坏的一段外,尚留有高出于地面的 5—6 米的夯土墙。东墙北端自东北角江家山坎向南 700 米,折向东 100 米,又向南转折 700 米与南墙相接,总长 1500 米。东墙保存较好,有高出地面 6 米以上的夯土城垣。在子城内还探得南北向和东西向道路各一条,南北向街道自堡城北门向南延伸至董庄村南门,全长约 1400 米,宽 10 米;东南向街道东起东华门,西至西华门,长 1800 米,宽约 11 米。两条街道成十字交叉,交叉路口宽 22 米。在子城北段,还出土有隶书阴文“北门壁”“北门”和“城门壁”等字砖,字体与南京附近出土的东晋王氏、谢氏墓上的字体相近,有人认为可能是东晋时所筑广陵城的遗迹,至唐仍被沿用。东晋在扬州筑城的只有桓温,不知有无关系。

罗城亦称大城,是在蜀冈下的平原上建造的一座民居和工商业云集的城市,与子城相接,“连蜀冈上下以为城”。罗城是随着扬州经济、交通的发达,完全在平地上新构筑的。它比子城晚,大致在盛、中唐之间,从发掘的土层来看,也非一次完成。这和扬州在唐代发展的过程是相对应的。

罗城的规模虽不及长安和洛阳,却是全国有名的大都市。通过对罗城的全面钻探,得知其四至为:东城垣为一直线,北起原东风砖瓦厂东北角,向南经黄金坝,沿古运河西侧向南,至古运河向西拐角的康山街为止,全长4200米。原康山即为拐角城基遗迹,现已不存。南城墙东起康山街,向西延伸与原扬州毛巾厂内的罗城西南结合,全长3100米。西城墙北接子城西墙的观音山下,垂直向南经杨家庄西、新庄、双桥、原江苏农学院至原毛巾厂止,全长4100米。此段夯土墙保存完好,城垣外有一条南向的护城河。北城墙西起子城的东南角,向东南延伸470米,再向南折100米,又向东再折900米,与东墙相交,全长1470米。此墙东段地面也保存有部分城垣。整个罗城呈长方形,南北长4000米,东西3120米,探测的结果表明,与文献的记载大体相符。

当时扬州由江都、江阳、扬子三县分理。城内有南北向官河。官河以东有瑞芝坊、布政坊、崇儒坊、仁丰坊、延喜坊、文教坊、庆年坊、太平坊、会义坊、瑞政里、集贤里等,为江阳县属;官河以西有通润坊、尚义坊、崇义坊、赞善里等,为江都县属。此外罗城东跨过运河,自西向东为江阳县属弦歌坊、道化坊、临湾坊。这三坊本在罗城东郊,淮南道盐铁转运使王播从南门外另开新河,向东屈曲,绕城东南角北折,与东水门官河和北江(邗沟)相接,三坊才被隔在运河之东。

现在还探出七座城门遗址:位于北墙和东墙各一座,南墙三座,西墙二座。西墙二座分布南北两端,相距约3000米。据此推测,将有更多的门址发现。

当时罗城内街道与水道交错，富有水乡特色，桥梁很多。杜牧便有诗云“二十四桥明月夜”。唐代扬州的一些坊市名和桥名，常见于唐人的诗文中，有的名字一直沿用到今天，如通泗桥、月明桥等。2003 年还发掘出一些桥的遗址，确能引起人们的亲切之感和怀古之思。

唐代扬州作为东南漕运的枢纽和物资集散地，赢得了历史上难得的发展机遇，扬州成为长安、洛阳两京之外全国最大的地方城市和国际商业都会。唐代扬州城的平面布局反映了与长安、洛阳两京城址的密切关系，如将宫城（隋江都宫、唐子城）建于地势较高的北部蜀冈上，这样可以俯瞰罗城，便于对全城进行有效的控制；盛唐或稍晚时期，随着扬州城工商业的发展和经济的繁荣，在蜀冈下筑罗城，形成了以运河为中心的街市，整个罗城成为工商业区和居住区，这种布局明显地承袭了唐东都洛阳城的特点。

扬州本是一座繁华的城市，但经过晚唐接连六七年的战乱，城市遭到惨重的破坏。当然不仅扬州如此，史书上说：“扬州富庶甲天下，时人称‘扬一益二’，及经秦、毕、孙、杨兵火之余，江、淮之间，东西千里扫地尽矣。”事实确是如此。

公元 958 年，后周世宗柴荣亲征南唐，进逼扬州。南唐军见扬州不能坚守，便悉焚庐舍，驱民渡江，扬州又遭到严重的破坏。

柴荣取得扬州后，置大都督府，命定武将军韩令坤筑城守之。扬州城既已被毁，而且大而难守，韩令坤便在故城东南角另筑新城，“遂于故城内，就东南，别筑新垒”，这一新城当在唐罗城东半边的范围内，当时称为“周小城”。不久后周派李重进为淮南节度使，镇扬州。李重进又对扬州城进行了改筑，城周十二里，称“州城”。州城是周小城向东向南的扩展，南边扩展到今北城河之南的东西一线，东边与运河接近。这座州城，后来为北宋所袭用。

扬州宋大城城西门遗址（陈民摄）

南宋期间，扬州是淮河前线的后方，时而又成了前线。为了抵御进犯，对城池有多次增筑和改变。建炎元年（1127）九月，朝廷命江东制置使吕颐浩缮修城池。二年十月，又命浚隍（城壕）修城，周 2280 丈，这就是把州城在唐罗城范围内的土地全部划出城外，再把州城的南沿向南推进靠近运河。东城墙在“古家巷”南北一线（东门在古家巷北）向南再转弯向西。西城墙南起今砚池，北至长春桥东。这座北边沿高桥漕河，东边和南边沿运河的城，全是用大砖砌造，名叫“宋大城”。

乾道三年（1167）五月大修扬州城，淳熙八年（1181）闰三月复修，绍熙三年（1192）七月又修。在这期间扬州城一度陷落。淳熙三年（1176），词人姜夔（白石）经过扬州，写了《扬州慢》词，在小序里说：“入其城，则四顾萧条，寒水自碧，暮色渐起，戍角悲吟。”可见在兵荒马乱之中，新恢复的扬州城仍然是很凄凉的。

绍兴二年（1132）郭棣知扬州，他认为已被毁去的故城（唐代子城），地

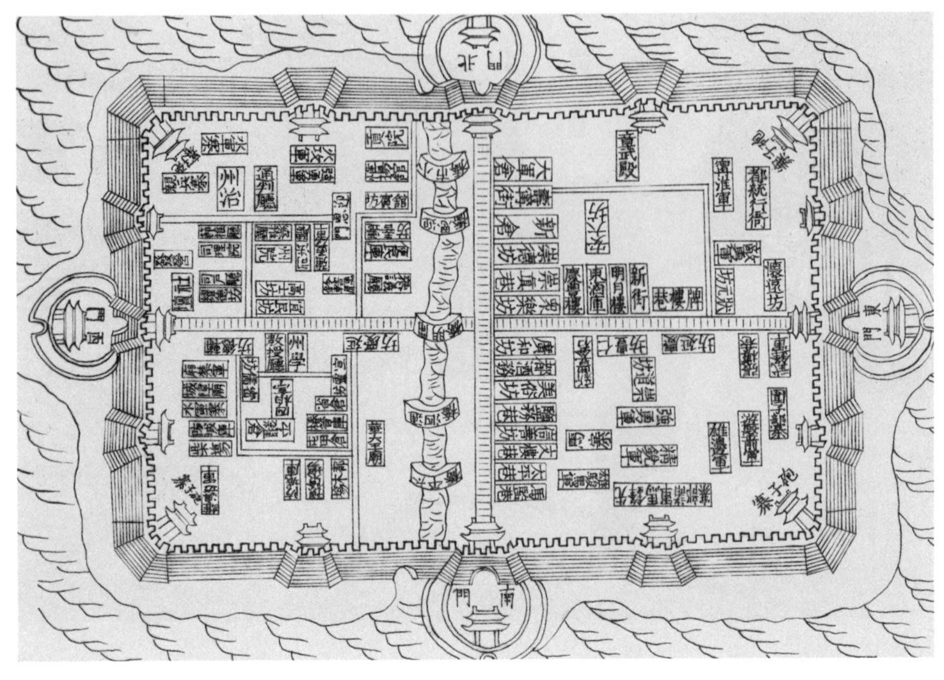

宋大城图

宋三城图

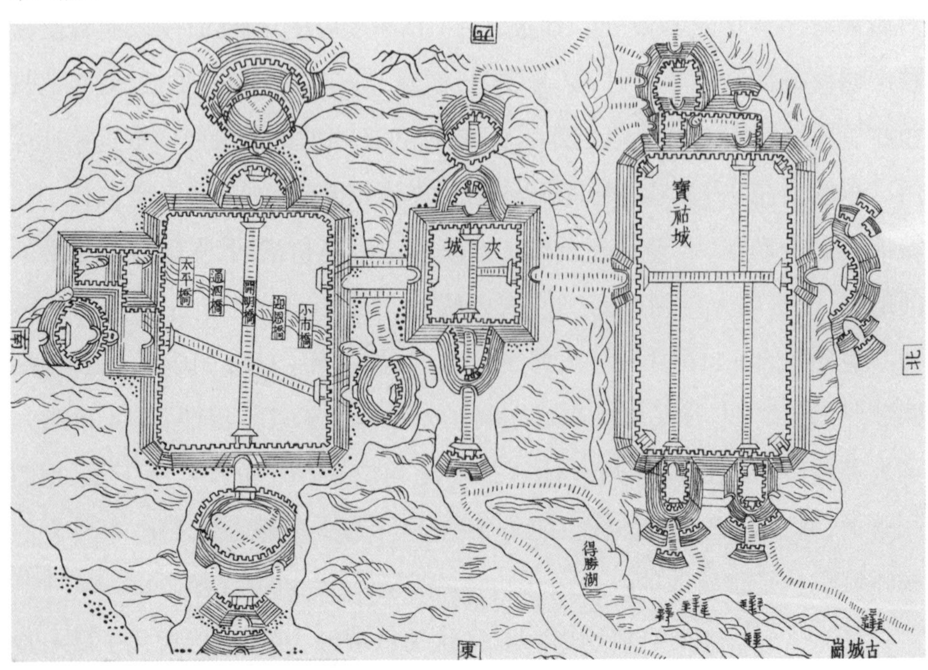

势高(在蜀冈上),可以凭高临下,具有打退敌人的有利条件。于是把搁置已久的故城重建,叫“堡寨城”,与宋大城南北对峙,其中相隔二里,又筑土“夹城”以通往来,夹城又称“蜂腰城”。从此,扬州一地有三城。



嘉定间(1208—1224)特授崔与之直宝谟阁、权发遣扬州事、主管淮东安抚司事。崔到扬州,浚城壕广十有二丈,深二丈,西城壕势低,因疏塘水以限戎马,并开月河,置钓桥。原夹城为土筑,改为砖砌。

宝祐二年(1254)七月,贾似道为两淮宣抚使,把堡寨城改为砖筑,次年正月更名为“宝祐城”。其城之西门名“平山”,濠外复筑“瓮城”,包平山堂于内,且作外濠以环之。东门名“通太”,北门名“雄边”,南门楼匾名“宝祐城”。所谓“瓮城”,与“月城”相似而实不同。月城在城门之内,用为内防,瓮城在城门之外,用为外护。

扬州是淮东的首府,是由淮东渡入浙的要道,在战略上具有特殊的地

宋夹城西门遗址鸟瞰(蜀冈－瘦西湖风景区管委会供图)

位,蒙古于金亡后的第三年,向扬州一带开始了多次试探性的进攻。

为了加强扬州一带的防务,理宗开庆元年(1259),命李庭芝为江淮制置使兼知扬州。李庭芝大修城垣,鉴于平山堂地势较高,可以俯瞰城内,增筑了一座平山堂城,募汴南流民二万余人,号“武锐军”,驻屯在平山堂城中。印有“大使府造”的大砖就是这时烧制的。除此种砖外,还有不少印有韩世忠部队番号的城砖,说明城一再得到加固。

南宋与蒙古(元朝)长期对峙,修筑了大量城池、山城、山水寨,加固了主要城市的防御,有效地抵御了元军南侵的步伐。在灭亡南宋的过程中,元军摧毁了大量南宋城市的城墙和防御设施。南宋德祐二年(1276)七月朱焕以扬州降元,八月李庭芝被斩于扬州,九月元世祖就下令隳毁沿淮城垒。从这一系列的记载可知,扬州城肯定也在被隳毁之列,而且应是毁坏的重点对象。

## 第三节 从明新旧二城到清扬州府城

在元末群雄并起的斗争中,先为红巾军郭子兴的部下、后又接受小明王韩林儿官职和封号的朱元璋,于元至正十六年(1356)攻占集庆(今南京),称吴公。次年,又乘小明王北伐、无后顾之忧的机会,相继攻占了常州、江阴和扬州。攻打扬州的是朱元璋的大元帅缪大亨和元帅耿再成。当时扬州为张明鉴所据。张明鉴原聚众于淮西,专事剽掠。时元镇南王孛罗不花守扬州,招降了刘明鉴,授以濠泗义兵元帅,驻守扬州。城中食尽,以至屠杀居民为食,居民们四处逃生。缪大亨兵至,张明鉴乃举城以降,当时城内居民只存十八家。朱元璋设置淮海翼元帅府,改扬州路为淮海府。此时元代袭用的宋大城,经过元末的战争,已损毁不可用,乃命佥院张德林于宋大城的西南隅另筑城以守。

张德林选择在宋大城西南隅筑城,应该是经过一番考虑的,这其中包括城池的规模和位置。就规模而言,当时的扬州刚刚从长期的战乱和动荡中安定下来,社会和人心尚不稳定,筑城的首要目的是确立明王朝在这一地区的统治地位,具有宣示和震慑作用。因此,筑城之初,并不一定过多考虑城市规模的大小是否有利于城市的发展。就城池位置的选择,决策者大致有以下几点考虑:一是水路运输向来是扬州对外交通的主要通道,靠近河流建城,不仅便于商品物资的水上运输和交易,而且可以有效地加强对河流等交通枢纽的控制,具有不可忽略的军事意义;运河流经唐罗城和宋大城南门外,完全可以满足上述要求。二是宋大城的西南隅有南北贯穿全城的市河,这是唐、宋以来扬州城内最繁忙的物资交流的河道,利用此河可解决城内居民的用水和物资交易等问题。三是在此建城可以利用原有城门、城墙、城壕,以减少筑城成本,明旧城的西城墙和南城墙就部分利用了原宋大城的城墙。

关于扬州旧城,明《嘉靖惟扬志·军政志》记载:“周围九里二百八十六步四尺。高二丈五尺,上阔一丈五尺,下阔二丈五尺,女墙高五尺。城门楼观五座,南门楼曰‘镇淮’,北门楼曰‘拱宸’,大东门楼曰‘迎晖’,小东门楼曰‘谯楼’,西门楼曰‘通川’。其南门月城三重,余皆二重。”同时该书的“今扬州府城隍图”,也载有明旧城城墙、城壕、市河、桥梁、道路及官署寺庙等内容,是研究明旧城的重要参考资料。

明代嘉靖年间,扬州经历了一个较长时期的防倭抗倭斗争。

这时的扬州,由于人口的增长,特别是商业和手工业的发展,市肆作坊已扩展至原旧城的东郭外。倭寇来犯,对东郭外的商业区和手工业区多有洗劫。嘉靖三十五年(1556),扬州知府吴桂芳接受了副使何城和举人杨守诚的建议,紧接东郭筑一外城,把商业区和手工业区包入城内,免遭寇扰。工未竣而吴桂芳调任,复由新任知府石茂华接手办理。这座城由原旧城东南角循运河而东折向北,复折而向西,至旧城东北角止,约十里,称为“新城”。万历《扬州府志》对新城的记载较为具体:“(新城)起旧城东南角楼,至东北角楼止。周十里,计千五百四十一丈九尺,高厚与

钞关旧址

旧城等。城楼五，门七。南曰'挹江'，钞关在焉。又南为便门，东南曰'通济'，东曰'利津'，东北为便门，北曰'镇淮'，又北曰'拱宸'，关北亦为便门。南北即旧城壕口为二水门。东、南即运河为濠，北濠引水注之。"新城设有七座城门：南有二门，名挹江门（即钞关）、南便门（又名徐宁门，亦名徐凝）；北有三门，名拱宸门（又名天宁）、广储门、便门（又称便益）；东有二门，名通济门（又名缺口）、利津门（又名东关）。旧城东门外，即新旧城之间有护城河，增建了南水门，名"龙头关"。在建筑新城的过程中，倭寇曾靠近城下，遥见新筑的新城岸高池深，城楼巍然，不敢再向前逼进了。后来虽有袭扰，均被击溃。

汤显祖所作《牡丹亭》云："边海一边江，隔不断胡尘涨。维扬新筑两城墙，酾酒临江上。三千客两行，百二关重壮。维扬风景世无双，直上城楼望。"说的虽是宋代故事，借的却是当时扬州的背景。嘉靖筑新城事，成了戏剧家写作的材料。

明代扬州城址，也就是直到新中国成立前的扬州城址，至今仍清晰可辨。

明代的新旧二城相加成了清代扬州府城，总面积约 6.7 平方千米。总面积与现代城市相比虽不算大，但与当时江浙地区其他府城相比，却是不小。如当时常州府城城周只有 10 里 284 步(约 1550 丈)，到清末民初建成区面积仅为 1.7 平方千米，无锡仅是常州府所辖的城围 1780 丈的小县。康熙《扬州府志》附有“扬州府城池图”，该图绘有新旧二城，新城接建在旧城之东，呈长方形，比旧城略大。有 7 座城门、1 条南北大街、2 条东西大街，2 条东西大街分布在南北两侧，北面一条与大东门通，南面一条与小东门通。其城墙位置一直沿用至 20 世纪 50 年代之前。

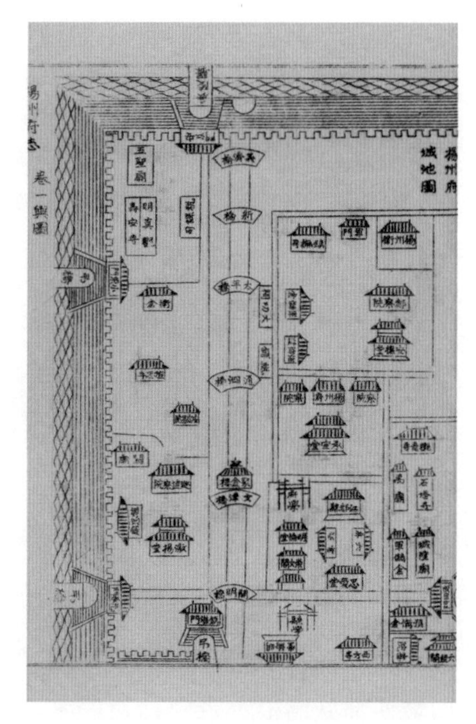

康熙《扬州府志》扬州府城池图

## 第四节　明清以来的城池修缮

由于受到自然灾害、战争和城市发展需要等诸多因素的影响，明清至民国时期的扬州城经历了多次破坏与修缮，并产生了许多重要的变化。在扬州地方史志中，关于这一时期城池遭破坏和修缮的记录较为丰富，其中主要的有：天顺七年(1463)，指挥李铠修因雨倒塌的城墙；嘉靖元年(1522)，巡盐御史秦钺重修城墙；嘉靖十八年(1539)巡盐御史吴悌、知府刘宗仁疏通，筑水门，并浚城内市河及西北城壕；万历二十年(1592)，知府吴秀增城堞三尺，深浚新旧城西北城壕；万历二十五年(1597)，知府郭光复知县张宁甃石堤、增敌台；崇祯十一年（1638），盐法内臣杨显名增筑土城和钞关月城；清顺治四年（1647），知县郭知逊重修钞关月城；十八年，知县熊明遂修城墙台铺；雍正四年（1726），知县王元犀修广储门城楼；七年，知县陆朝玑修镇淮门城楼；乾隆二年（1737）至四年，知县王格、知县吴鹗峙全面修缮城墙，凡有残阙，通请缮治；光绪七年（1881），盐运使洪汝奎大修城垣，接建便益、利津（东关）、通济（缺口）、徐凝、挹江（钞关）、安江（老南门）各门官厅；光绪二十七年（1901），盐运使程仪洛拨款兴修城墙。

民国时期，自晚清以来半个多世纪，扬州城乡经历较大的变化，一方面由于津浦、沪宁铁路兴建，上海及其他港口海运事业兴起，运河水运交通日趋衰落，加之扬州四乡水旱灾害频仍，又经历辛亥革命、军阀混战、日军侵华八年沦陷和国内解放战争，扬州逐步失去它原有江淮交通和运河水运枢纽地位，城乡建设发展迟缓。扬州城区缓慢向东南沿运河方向发展，而旧城西部城墙根一带则日趋荒凉。另一方面，西方近代科学文化技术开始应用于扬州地区邮电、交通、教育和其他建设事业。扬州建成区范围大体东至洼字街，西至西门外街，南至南门外街小码头和皮坊街两线，北至北门外凤凰桥街和便益门外高桥街两线，建成区面积6平方千米多。这一历史时期城市基础设施建设和生活服务设施建设，又以民国初期至30年代抗日战争前夕为多。

民国初期，先后创建江都振明电灯公司、振泰电灯公司，扬州始有电灯；创立扬州电话局，城区始有电话；开筑的瓜洲至扬州土公路通车，扬州始出现汽车；拆除扬州新旧城之间城墙，兴建小秦淮公园桥、新桥；兴建瘦西湖徐园、长堤春柳及逸圃、平园、匏庐、怡庐、萃园、刘庄等城市住宅园林。

20年代，扬州至六圩公路铺筑路面，始设六圩轮渡；扬州新辟福运门，建汽车站；先后建扬州教场望火楼，设消防队；扬州相继兴建浸会医院（今苏北人民医院）病房楼、贤良街（今萃园路）耶稣教堂、淮海路西式别墅等建筑；瘦西湖修筑凫庄、兴建叶林。30年代至抗日战争前夕，多子街、埂子街

扬州振扬电气公司大门（王虹军提供）

20年代的六圩车站（李保华、王虹军提供）

福运门渡口（洪晓程提供）

40 年代模范马路即今埂子街路口（洪晓程提供）

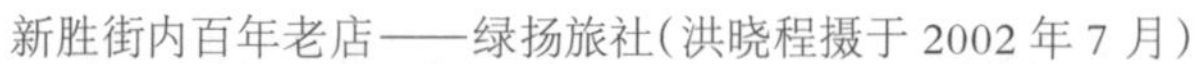

新胜街内百年老店——绿扬旅社（洪晓程摄于 2002 年 7 月）

口扩建纵横仅长 60 米的“模范马路”；开辟扬州新马路(今淮海路)、新南门、新北门,建新北门桥；先后兴建扬州中学树人堂、埂子街愿生寺、小秦淮萃园桥、瘦西湖熊园、便益门外麦粉厂、地官第小苑、小东门南京大戏院等。

30 年代后期至 1945 年沦陷期间,扬州城镇村庄不少遭日军烧毁、破坏,城乡建设无大兴举。这期间,扬州城区仅兴建新南门桥、新胜街绿扬旅社,重建肖市桥等。抗日战争后从 1945 年至 1946 年,国民政府行政院、江苏省政府先后颁布一系列城镇规划建设管理方面的法规,如《收复区土地权利清理办法》《战后恢复地区房屋紧急救济办法》《收复区城镇营建规则》《城镇重建规划须知》《地方政府恢复破坏城镇应行注意事项》《县乡镇营建实施纲要》《都市计划法》《建筑法》《拟订城镇营建计划须知》等。

1945 年 9 月至 1948 年,始建扬州城区至湾头土公路,抢修通扬桥、头道桥、二道桥,先后编制扬州城厢拓宽街道规划、扬州城市规划。在市区兴建便益门外简易建筑“国民大戏院”、福运门外简易木结构“大荣桥”,修建南柳巷、三元巷、院大街、县前街等多处街巷路面、下水道,维修公园桥、通泗桥、新北门桥及多处城墙。新中国成立前扬州古城及各县(市)城镇,小街小巷密集,多古老平房,市政公用设施简陋。

## 第五节　新中国建立后的城市建设

中华人民共和国建立后,扬州城乡建设进入改造发展的历史新阶段。六十多年来,其发展速度之快、规模之大、变化之显著,均超过以往任何一个历史时期。

从 1949 年至 1988 年,扬州城市房屋建筑面积由 198.9 万平方米增至 962 万平方米,城市道路长度 / 面积由 4.32 千米/5.32 万平方米,增至 71 千米/76 万平方米。先后兴办了城市供水、公共交通、管道煤气等城市公用事业。建成区面积由 6.74 平方千米增至 23.5 平方千米。

1949 年至 1952 年,国民经济处于恢复阶段。扬州是苏北地区政治中

50年代初扬州拆除城墙

心，重点进行旧城改造，拆除全部城墙，就地筑成盐阜路、泰州路、南通路，连同原有的淮海路形成环城马路。同时拓宽城中主要街道为国庆路—渡江路、广陵路—甘泉路及萃园路。修复整顿瘦西湖－蜀冈风景名胜。开发建设西部文教区，始建苏北师范专科学校（扬州师范学院）、苏北农学院（江苏农学院）、扬州建筑工程学校（扬州工学院）。兴建解放桥、北城河工人新村木桥，修建老北门桥、西门头道桥。发动群众清除城内垃圾瓦砾山，疏浚城河，填塞汶河，兴建公共厕所。始建萃园桥菜场、工人文化宫。

1953 年至 1957 年，扬州城乡建设继续进行治理整顿，开始建设一批市政公共施设，加强城建管理，对城镇私营、个体建筑业、交通运输业实行社会主义改造，分别组建建筑公司、运输公司、航运公司及合作性质的搬运站等。扬州重点改造棚户区，分别新建石塔寺劳动新村、南门外工人新村和便益门外工人新村。始建广陵路苏北电影院、南河下人民剧场、小茅山火葬场、大虹桥游泳池。继续整修市容环境，发动群众开展爱国卫生运动，兴建城市积粪池。整修瘦西湖、平山堂内部景点，修建和疏通城区数十条街巷下水道。开展绿化植树活动。兴建古运河上渡江桥、北城河疗养院木桥、北水关桥、史公祠石桥、瘦西湖八龙桥、扬州—七里甸公路，修建银锭桥、新河湾桥、通扬桥、双桥、象鼻桥、顾桥、大虹桥。进行城市现状调查，编制城市规划方案，建立和加强城市建筑查勘管理。

1958 年至 1960 年“大跃进”时期，扬州各城镇掀起工业建设高潮，初步形成工业区，市政道路建设和其他建设相应得到初步发展。同时，对城镇私有出租房屋，按不同改造起点，以“国家经租”形式，实行社会主义改造，由房产部门实施公管。扬州从 1958 年开始，兴建上百家工厂，开始形成城西南宝塔湾化工区、城南机械工业区和城东北沿古运河至五里庙工业区。为适应工业区对外交通运输需要，陆续建成扬州至六合冶山铁矿简易公路、解放桥至五里庙东北工业区道路（今解放北路、新民路、太平路）、城北螺丝湾桥至电厂道路（今邗沟路、黄金坝路）、冶金厂至宝塔湾西南工业区道路（今文峰路、宝塔南路）和焦化厂大运河道路（今运河北路一段）。在城东，开挖瓦窑铺至六圩江边京杭大运河扬州段新航道，兴建扬州运河大桥、跃进桥、经扬州大桥到田庄的大桥公路接线工程（今江都路及大桥以东一段公路）。对城区重点进行改造建设，拓宽县府街为市府路，填平汶河始建汶河路、文昌广场和文昌商业服务网点。发动群众开展以室内外环境卫生为主的爱国卫生运动和城市绿化运动，疏浚城河，疏通下水通道。在农村兴修农田水利工程，为实施农田方整化，撤并一批庄台，也新建一批庄

50 年代国庆路

50 年代扬州劳动新村

台。开挖瘦西湖水库(开工不久即停止),开挖瘦西湖至漕河的杨庄小运河,建成漕河口高桥节制闸。继续整修瘦西湖景区,初步建成四桥烟雨、西园曲水景点。兴建新北门广场。修建大虹桥和大虹桥路。维修何园、普哈丁墓园。对市区房屋进行普查丈量。完成市区 56 平方千米二千分之一、千分之一地形图测绘,续编城市规划。

1961 年至 1966 年调整时期,城乡建设在原有基础上“填平补缺”。城镇兴建一些商业、教育、机关公房和集体宿舍。扬州于 1962 年建成跃进桥,跃进桥东始建一批临街建筑,建成区向东发展。1964 年五台山水厂建成供水。先后翻改建国庆路、扬七(七里甸)公路、埂子街、长春路、平山堂路、汶河路中段、淮海路、东关街、彩衣街、高桥街、泰州路。兴建苏农路双虹桥,改建南门外街吊桥、西门二道桥、新北门桥、瘦西湖藕香桥、五亭桥、渡江桥、南门外响水桥、南北念四桥、萃园桥、肖市桥。维修大明寺、莲性寺、白塔、文峰塔,开辟湾头红星岛城市绿化育苗基地。重点加强城镇建设用地管理,扬州针对“大跃进”时期建设单位征而不用、多征少用、早征迟用等严重浪费土地情况,陆续处理退赔 9000 多亩土地交还当地农民耕种,同时根据国家建设征用土地办法,严格报批手续,市区经批准征拨用的建设用地从“大跃进”时期每年 2000 亩左右,降至每年 100 多亩至 400 多亩。

1966 年至 1976 年“文化大革命”时期,城乡建设无大发展,原有的园林名胜及文物古迹被当作“封资修”“四旧”,遭到不同程度的破坏。扬州城西,打通石塔寺巷,兴建石塔桥,初步形成备战路(今石塔路中路)。在城北,始建长春路至螺丝湾桥公路(今友谊路),兴建友谊桥,同时兴建史可法路桥并始建史可法路南段道路,与国庆路直线相通,建成区始向北发展。在城东,兴建湾头闸及其两端接线(今太平北路),先后开挖古运河至沙河的新太河、沙河至七里河的沙施河。在城南,始建徐凝门路,徐凝门桥动工兴建。1970 年成立公共交通公司,市区始有公交线路和公共汽车。1971

50 年代建设中的扬州大桥

60 年代新建跃进桥

『782』深挖洞工程开工现场（茅永宽摄）

文昌阁与扬州商场

1982年三元路两边建造新楼

年扬州第二座水厂——宝塔湾水厂竣工投产供水。这时间兴建的主要建筑有南河下 723 所 10 层主体试验楼、大明寺内鉴真纪念堂等，并在西门贾庄、城西石塔桥附近、城北梅岭、城东沙口等处始建住宅小区。陆续翻改建汶河路南北段、西门街、西门外街、北门外街、凤凰桥街、南通路、解放北路、湾子街、东圈门、地官第、运河街、盐阜路、长春路、平山堂路等。重建或改建邗江医院桥、便益门桥、通扬桥、晶体管厂桥、七里河桥等。

1977 年至 1988 年，经过 1977 年开始的拨乱反正整肃“文革”影响，从 1978 年起，扬州城乡建设进入全面发展历史新时期。从城市到农村，各项建设蓬勃兴起，城乡面貌日新月异。城镇旧区改造和新区建设不断扩大，各项基础设施的规模和速度均超过以往任何一个历史时期。这期间，扬州建成区新增 9 平方千米，城市房屋建筑面积净增 460 多万平方米，分别为扬州解放前的 133% 和 232%，分别为 1949 年至 1976 年净增数的 116% 和 488%。

扬州以 1978 年 2 月动工兴建的石塔路、三元路及其地下人防工程即“782”工程为起点，掀起城市建设新高潮，主要建设项目有：拓宽街巷建成市区东西主干道石塔西路—石塔路—三元路—琼花路和施工中的解放东路，并在这条干道上相继兴建新萃园桥，扩建解放桥，兴建蒿草河桥；建成市区南北主干道史可法路中段、北段并兴建漕河桥、邗沟桥，改建国庆路，扩建渡江桥和渡江南路；扩建迎新路、通扬路和通扬东路，翻建通扬桥，改建江都路，扩建扬州运河大桥；扩建迎新路至西门外街的扬天公路段为文化路，并相应改建土坝桥；修建长春路、友谊路和平山堂路，扩建长春桥；兴建梅岭东、西路和史可法东、西路，扩建老虎山路；扩建盐阜东、西路并先后重建天星桥，扩建新北门桥、北水关桥，兴建新广储门桥，修建广储门桥；先后扩建泰州路、解放桥、解放北路、新民路，兴建江都北路；兴建徐凝门桥并改扩建徐凝门路，扩建文峰路、城东路、施井路、东花园路等，由此市区形成比较完整的道路网络。在城区内部，重点是分期分批翻建街巷路面和安装、改建给排水管道近 400 条街巷。城市对外交通主要是在六圩西长江边开始兴建卞港客货运码头、328 国道宁扬段一级公路，并初步整治扬州段京杭大运河航道。

环境治理方面，先后疏浚小秦淮、北城河、西门二道河、玉带河、瘦西湖等河道。为补给内城河水源，使小秦淮保持一定水位并使之常换常新，分别在北城河东端进口处建立便益门抽水泵站，在小秦淮南端出口处改建龙头关二涵闸。此后又陆续整治城河水系，小秦淮、北城河、玉带河、西门二道河均建成块石护坡和河滨小道。城市环境卫生采取群众管理与专业管理结合，重点加强环卫基础设施建设，先后在城市四周兴建 7 个化粪池和小茅山垃圾堆放场，在市区共新建公共厕所 23 座，翻改建公共厕所 56 座。至 1988 年，市区共有公共厕所 262 座。

城市公用事业方面，兴建扬州第三水厂一、二期工程先后竣工投产，新增日供水能力 5 万吨，至 1988 年底，3 个水厂总供水能力达日产 11.5 万吨，供水普及率达 93.9%；城市公共交通至 1988 年已发展到 11 条公交线路，

盆景园(茅永宽摄)

年客运总数 1800 万人次，东至江都镇，西至蒋王，北至酒甸都有正常公共汽车行驶；城市管道煤气于 80 年代初始建，由大运河畔扬州钢铁厂焦炉供给气源，建成日供气 4.5 万立方米的制气及储气设施，开始铺设部分输气管道，于 1985 年始向市区东部一部分地区供气，但因城市管道煤气建设起步较晚，气源有限，到 1988 年底扬州管道煤气气化率（普及率）仅为 6.9%，居民生活燃料仍以煤炭为主，但石油液化气、管道煤气和电能耗用量上升。

随着外事活动和旅游事业的发展，扬州园林一面加强维护原有景区景点，一面重点恢复建设新景区景点。1980 年为迎接日本国宝鉴真和尚像回故乡扬州大明寺巡展，全面整修蜀冈－瘦西湖景区，扩建平山堂景区；尔后陆续恢复建设“白塔晴云”景点，建成扬州剪纸艺术陈列馆，恢复建设“卷石洞天”“西园曲水”景点，作为陈列扬派盆景的盆景园对外开放，动工新建新“熙春台”“望春楼”及新“二十四桥”，开辟瘦西湖西部廿四桥景区；收回并整修“寄啸山庄”前住宅群及“片石山房”；兴建解放桥东郊公园，对

茱萸湾、荷花池绿化育苗基地进行整修并充实部分景点建设,已分别作为公园和城市公共绿地开放。1988 年市区已开放的公园有瘦西湖、大明寺、何园、个园、东郊、茱萸湾、文峰塔 7 处。1988 年国务院公布蜀冈-瘦西湖风景名胜区为国家重点风景名胜区,个园、何园为全国重点文物保护单位。

这一时期住宅建设成为城乡建设的重点。扬州累计新建住宅建筑面积 210 多万平方米,几占城市住房总面积的一半,有近 10 万人搬进新居。80 年代以来,城市住宅建设实行重大改革,一改过去"各砌炉灶"、分散建设状况,变为由城市房屋建设开发部门实行统建、统分、统售的商品房制度,既加快建设进度,又节约土地、人力、经费和材料,但在实施过程中,从机制到规划建设管理诸环节尚待进一步整顿完善。开发建设的重点地段,城区主要有琼花路莲花桥、汶河路中南段、南通西路、驼岭巷、大草巷等处,郊区遍及城市周围,已经建成和基本建成的有东花园、沙中、梅岭、凤凰、友谊、石塔桥、贾庄等 28 个新村和住宅小区。

这期间兴建的公共建筑如雨后春笋,其中建筑面积 1000 平方米以及 l—5 层以上楼房上百座,多集中于三元路、汶河路、琼花路、江都路等处。在各类兴建的公共建筑中,尤以商业、银行建筑为多。主要公共建筑物和构筑物有新北门外的扬州体育馆,天宁寺旁的扬州宾馆,史可法路的扬州电视转播塔,汶河路工人文化宫内工人之家、扬州商场及扬州大酒店,石塔路邗江电影院及石塔宾馆,三元路邮电局营业楼及银行营业楼,国庆路广陵路口群艺馆楼,琼花路环球商场、银杏商场及工商银行营业楼,解放桥东扬州大厦,江都路邮电通讯微波塔、曲江影剧院及邗江商场,石塔西路中医院门诊楼等。从小茅山到宝塔湾、从扬州运河大桥到迎新桥范围内,已形成房屋连绵的建成区。

2006 年,这是扬州城值得骄傲的一年。 4 月,联合国人居署确定了当年世界人居日的主题: 城市——希望之乡。围绕这一主题,扬州市决定以"古城扬州我的家——扬州在保护古城情况下改善人居环境的目标和行动”为题申报“联合国人居奖”。

“这些申报材料包括文字、图片、视频，有中文和英文两种版本。这些既要充分展示扬州，又要符合外国人的阅读习惯，适合专家苛刻的眼光，难度非常大。有时为了斟酌一句话、一个单词，常常想到大半夜。那段时间，我们没有一天是在晚上 12 点以前睡觉的，熬通宵是家常便饭。为了节省时间，大家吃饭都是叫快餐，市领导也跟着我们吃盒饭。”回首艰难过程，申报小组成员、时任建设局副局长的王骏感慨万千，“一份文字材料，我们先后易稿 20 次；13 分钟的短片，推倒重来七八次。我们不仅集中了扬州专家、学者的智慧，而且广泛征求出国留学人员、国内外专家的意见。在将中文版翻译成英文时，我们专门请外交部翻译室专业人员进行指导。”

最终，来自中国江苏的扬州市以全票通过评审。2006 年 6 月 25 日，扬州市申报小组启程前往联合国人居署所在地肯尼亚首都内罗毕。主管申报工作的分管副市长桑光裕运用图文并茂的多媒体光盘，作了一场非常精彩的讲演。联合国人居署执行主任安娜博士听了汇报后，十分高兴地说：“扬州是一座美丽的城市，市民能在这样的环境中生活很幸福！”

多年后，当桑光裕回忆起那历史性的时刻时，仍然激动不已：“扬州为中国赢得了该年度唯一一个‘联合国人居奖’，扬州以多年来秉承的保护古城的理念，以改善弱势群体居住条件的实绩，得到了评选委员会的高度评价，获得了全票通过，这是对我们古城保护工作的肯定，更是全体扬州人民的骄傲，这份荣誉是留给我们扬州子孙后代的宝贵遗产，之所以要争取这个国际性的奖项，就是要让每一个扬州人珍爱自己生活的这片土地，共同保护好我们赖以生存的家园，以做一个扬州人为荣！”

新中国成立六十多年来，由于基本建设和其他人为因素，在扬州地区范围内，很多有历史保存价值的城乡设施和环境风貌遭到破坏，如城墙、古建筑、庙宇、古墓坟、河道、森林、古树名木等，有的被拆除平毁，有的被改造拆迁，造成了无可弥补的损失。

有着2500年悠久历史的扬州古城，数度毁灭，却又涅槃重生，屡见繁盛，创造了市井连天、商旅辐辏、廛闬扑地、歌吹沸天的辉煌，也给后人留下了极为丰厚的遗产：较为完整的双城街巷体系，并存的明清古城格局；绿杨城郭的风貌；河城环抱、水城一体、水系畅通的布局，以及园在城中、城在园中的城市个性与特色。这座“通史式的城市”无疑是中国城池史上的传奇。

1986年，扬州南门遗址刚刚完成了第一次发掘，召开了一个全国性的学术研讨会，由中国社科院考古所、南京博物院和扬州市文化局三方联合组成的扬州唐城考古队成立，蒋忠义由此开始了他与扬州长达30年的不解之缘。蒋忠义每每谈到扬州悠久绵延的建城史，不无激赏。“扬州城在中国的城市考古中具有特殊地位，它既不同于洛阳、西安这样的京城，又不同于当时的郡县城，它是介于二者之间、有着独特城市形制的一座城市。”

新中国成立以来，古城扬州也有过永远的心痛，古墙整体拆除，汶河填没，长期用作厂房、民居后对老宅院、园林的屡次破坏等等。然而一代代城市建设者和管理者依旧在努力地呵护着那些极为宝贵的城市遗产。尤其是新世纪，扬州在历年的城市建设和历史文化名城保护中，给出令人满意的答案，扬州古城历史格局得以基本完整保留，这在全国130座历史文化名城中极为少见，扬州被中国城市科学研究会历史文化名城委员会誉为中国历史文化名城保护的“扬州模式”。

中共扬州市委书记谢正义说，历届市委、市政府都严守一条“铁律”：古城改造规划，必须广泛听取各方意见。市人大常委会也敞开大门，邀请市民代表列席旁听，认真讨论通过老城区控制性规划大纲、历史街区控制性详规、民居修缮规划等一整套完整的古城保护规定。可以这么说，扬州的古城保护已经上升为一种“城市意志”。“护其貌、美其颜、扬其韵、铸其魂”，不大拆大建、不破坏街巷体系、不破坏居民生态、不破坏历史文脉、不破坏建筑风貌，不比高楼、不比规模、不比洋气，突出精致、秀气、文气。扬州对古城的成功保护，正是源自清醒的认识和科学的发展理念，这种保护

2009 年谢正义市长调研古城保护工作

与利用、改造与复兴的“扬州理念”，深深植入了扬州人的心中。近年来，扬州市编制了老城区 12 个街坊的控制性详规，出台了《历史文化街区保护整治实施方案》。对地上的明清古城和大面积古城地下遗址两大类予以发掘和保护，先后发掘出西门、东门、北门和南门等唐城、宋城、明清古城遗址；对老城区与古城风貌不协调的沿街建筑进行整治，保持街巷的原名、走向与格局，维护原有尺度和空间布局，体现古城富有特色的“鱼骨状”街巷体系；东关街、东圈门片区明清建筑群的成功修缮恢复，不仅使东关街步入“中国历史文化名街”的行列，成为市民和游客品味扬州明清生活的首选之处，更重要的是使街区老街坊的生活质量提高了，生活在老城区，享受着现代生活；扬州城内的明清古城作为扬州城市记忆的活态标本，不仅街巷体系、历史风貌得以完整保留，而且历史文脉得以延续、发展动力不断增强，成为中国东南沿海地区规模最大、保存最为完好、最有“中国味、文化味、市井味”的历史城区，成为展示历史文化名城内涵的核心区、体现城市文化旅游特色的示范区、功能完善的中国传统民俗生活体验区；扬州牵头的大运河申遗已经成功，扬州段运河、邗沟、盐商古建筑群（个园、卢绍绪宅、汪鲁门宅）、瘦西湖水体等均已随大运河列入世界遗产行列，扬州城遗址，也作为大运河遗产的重要组成部分，进入“后续列入”名单。

经济社会的发展，推动着城市的发展，囿于古城一隅显然是难以大有作为的，这就需要全面谋划，统筹发展，兼顾古城和新区，做到“古代文化与现代文明交相辉映”。扬州城市总体规划的几次修编，发展理念日臻成熟，经过连续不断地推进，城市空间渐次拓展，城市功能日益提升。已基本形成“文化内涵看古城街区、生态环境看瘦西湖景区、城市形象看新城西区、经济实力看沿江地区”的格局。在加强古城历史街区风貌整治、古街整修及古宅修复的同时，加大经济开发区、新城西区、广陵新城等新区的开发建设力度，建设中，注重保持与古城相协调的疏朗的建筑密度、平缓的建筑高度、灰白的建筑色彩以及适中的建筑体量，使新区建设与古城保护相互统一、相得益彰，实现古城与新区的和谐共生。

扬州已经在“千城一面”的城市特色危机中突围而出，留住了古城的特质和个性。“古城卫士”阮仪三谈到扬州，不无激赏：“企望其他地方不妨借鉴一下扬州的做法，鼓励居民也能自己动手保护传统文化遗存，使历史建筑保护有一个更新的动作，在满足老百姓的需求方面，政府应有所作为，起个牵头引导作用。”徜徉在贯通城市东西的十里扬州路——文昌路上，唐代的银杏、石塔，宋代的琼花观、宋井，明代的文昌阁，清代的运司衙门……会与你擦肩而过，不经意间，已是“唐宋元明清，从古看到今”了。

扬州在城市建设和古城保护的实践上取得了令人关注的成绩，历史文化名城扬州的知名度和美誉度不断提升。然而，古城保护只有起点，没有终点，历史文化名城保护的“扬州模式”在未来仍有较大提升空间，扬州在加强古城保护、彰显古城特色、激发古城活力、促进古城可持续发展等方面一定能走得更远更坚实。

# 第二章

# 古城保护与复兴的“扬州心路”

扬州这座城市经历了清康乾时期的喧嚣和繁华，也经历了清末到民国的衰颓和落寞，然而在新世纪，扬州又一次引起了世人的关注。在经济大发展的今天，扬州从“千城一面”的城市特色危机中突围而出，所有的认可、关注和赞许，正是因为这体现个性和固有特色的古城保护和复兴之路。毫无疑问，这些取决于历届市委、市政府对这座历史文化名城的认识和理解，以及对古城未来发展的认真思考和科学决策，在30多年保护历程中我们都可以看到这个行走的心路，在这里有过犹豫、彷徨，也有过果断、豪迈。现在来看，这条漫漫心路的积累，就是成熟的古城保护之路，就是“一张蓝图绘到底”的坚守。

## 第一节　保护点线面　彰显古城特色

1982年，国务院批准公布扬州为历史文化名城，同年编制了《扬州历史文化名城保护规划》，作为《扬州市城市总体规划（1980—2000年）》的组成和补充。1984年，扬州市人大常委会审议通过了总体规划，上报省政府审批。1985年3月11日，省政府批准同意。此次规划很好地体现了市委、市政府的发展意图，是20世纪80年代扬州城市建设和古城保护的方针战略和主要依据。

规划将扬州城市性质确定为：历史文化名城和具有传统特色的旅游城市。城市人口规模为近期（至1990年）城区30万人、建成区25平方千米，远期（至2000年）城区35万人，建成区35平方千米。城市布局划为5大功能区和7个工业片区。5大功能区：风景游览区、文教区、生活居住区、工业区、对外交通运输用地。规划总目标：至2000年，保持古城特色，布局科学合理；环境清洁宁静，市容整齐别致；园林绿化普遍，古迹维护有方；文教事业发达，科技水平先进；道路系统完整，交通方便有序；住房舒适宽敞，公用设施齐全；蔬菜副食充足，市场繁荣兴旺；平时战时结合，防灾防震防控；努力把扬州建设成为文明、洁静、美丽的园林化城市。规划提出了旧城改造与新区建设两条腿走路的方针，旧城保持传统风格，降低建筑密度，改善环境质量；新区建设主要考虑配套设施。这样的决策为古城保护创造了有利条件。

在名城保护规划中确定了名城保护的原则及总体格局，明确老城区是扬州历史文化的重要体现区域。保护要点是以“河、湖、城、园”为核心，控制好一条河、两大片、四条线、八个区、二十四个重点保护点。一条河就是古运河，两大片就是蜀冈-瘦西湖风景区和老城区，这就是今天我们说的“两古一湖”。四条线是古城新貌主干道——石塔路、三元路、琼花路；传统文化旅游服务街——盐阜路；水上游览线——小秦淮河；古城老街道——东关、彩衣、县学、西门街。八个区为蜀冈风景名胜区、瘦西湖湖区、个园名园叠石区、天宁寺重宁寺寺庙建筑特色区、史公祠与双忠祠反映英雄城市特色区、仁丰里传统民居街坊特色区、教场区和南河下盐商住宅区。二十四个重点保护点是大明寺、观音山、双忠祠、史公祠、天宁寺、重宁寺、仙鹤寺、普哈丁墓、西方寺、旌忠寺、文昌阁、阮家祠堂、四望亭、文峰塔、白塔、梅花书院、五亭桥、个园、何园、廿四桥、小盘谷、冶春园、朱草诗林、唐石塔与银杏。保护规划的重点主要体现在文物古迹和风景名胜等物质遗产方面，但在当时，扬州在全国历史文化名城中率先进行了名城保护规划的编制，体现了市委、市政府珍惜历史文化遗产、保护历史文化遗传、建设具有鲜明特色的历史文化名城的强烈意识，同时也提高了扬州社会名城保护意识，为以后的历史文化名城建设创造了很好的氛围。

年过八旬的朱懋伟老人是新中国成立后扬州城建科负责人，说起扬州的城建史，他如数家珍，“解放前，汶河路所在地是一条河，名汶河，汶河小学的位置是座城隍庙。”朱懋伟回忆，如今扬州的主干大道文昌路在当时叫县府街、三元巷。“解放前扬州城的街巷布局继承了宋元明清的街巷布局，三元巷、府西街、县府街都是明代形成的街巷布局。”

新中国成立后至上世纪 80 年代，扬州经历了三次市政建设高潮，一是新中国成立初期即 1951 年以拆除城墙、修筑环城马路和拓宽十字街街道为标志；二是以 1958 年“大跃进”时期，扬州形成西南宝塔湾化工区和东北沿古运河工业区以及 1959 年迎接新中国成立 10 周年，填平汶河建成汶河路等；三是 1978 年 2 月开始的“782”工程，即以地下人防工程建设为先导，先后拓宽建成石塔路、三元路、琼花路、石塔西路的东西向主干道。

1978 年 2 月，扬州开始拓宽三元巷，三元巷两侧的民房拆除后，先在地下修建了人防设施，又在人防设施的基础之上扩建了三元路。“石塔路、三元路、琼花路也是这时候才开始叫的名字。原先扬州没有三元路，只有

“782”深挖洞工程施工现场(茅永宽摄)

20 世纪 70 年代末改造前的琼花路一带街巷

三元巷。三元巷最宽的地方只有 4 米,狭窄的地方仅有 3 米。”由于当时没有压路机,压路是用混凝土浇筑一个圆磙子,直径 1 米,宽 1.5 米,总量达 4 吨,要拉动这个圆磙子,必须 40 个人一起拉。朱懋伟回忆,那时扬州的道路施工条件差,没有施工机械,全靠肩挑人扛。经过几个月的奋战,1978 年国庆节前,三元路西段扩建成功。

“1984 年 6 月 8 日,市政府决定沿三元路继续向东拓建,延伸至解放桥,这条路后来被称为琼花路。琼花路一曲三弯,修起来比三元路还要难,在它北边还要保护东圈门、地官第的原貌,南边又不能恣意在稠密的民房顶上横行,每进一步都要斟酌再三,尽量减少磕磕碰碰,其主旨要完好无损地保存琼花观。”朱懋伟说,当时道路修建,对不少遗迹进行了保护,从而在今天不留遗憾。

1994 年三元路、琼花路规划设计项目获建设部规划设计优秀奖。以后道路继续东延,穿过解放桥,向东直到京杭大运河边的解放东路,形成了今日的文昌中路。这段穿过古城东西轴线全长 3.5 千米的路,整整修了 10 年。

道路扩建中唐代古银杏和石塔得到保护（苏志章摄）

扬州正是以“782”工程为起点，动工兴建石塔路、三元路及其地下人防工程，初步建设成了贯穿古城的东西向道路，石塔、文昌阁、唐代银杏等文物得到了较好的保护。在保护中特别注意对传统城市格局的保护，在古城保护中采取点线面相结合的办法，将城市风貌保护提到一定的高度，古城更新与保护处理较好。

1980年，为迎接日本国宝鉴真和尚像回扬州，扬州着手整修瘦西湖景区，扩建平山堂景区，陆续恢复白塔晴云等历史景点，动工兴建熙春台、望春楼和二十四桥，开辟瘦西湖西部的二十四桥景区。同时，何园等古典园林也逐步得到恢复和整修，解决了“何园无路，个园无门”等问题，同时搬迁西方寺的46户居民，筹建扬州八怪纪念馆。

1982年6月，在文物普查的基础上，市政府公布了第二批市级文物保护单位，包括古邗沟、吴道台宅第、朱自清故居等。为抢救天宁寺古建筑群，1981年8月，市政府公布其为市级文物保护单位，同时推荐为省级文物保护单位（1982年3月省政府正式公布）。1982年7月市政府印发了《关于广泛开展文物普查工作的意见》，再次对包括市区在内的文物进行普查，此次普查查出古建筑30多处。1984年夏至1985年底，根据省的统一要求，又在全市范围内开展大规模的文物普查。这些普查为历史文化名城保护工作提供了更加详细的依据和资料。

20世纪80年代，在市区范围执行“谁污染，谁治理”的政策，同时结合城市总体规划，调整产业布局，先后从老城区搬迁51家污染严重的工厂，合并29个电镀厂（点）。同时投入大量资金，对废水废气进行治理。老城区基本达到无黑烟清洁区的要求，很好地处理了名城保护和经济发展的关系，使两者相得益彰。

在20世纪80年代，全国名城保护面临各种压力和选择，许多城市因为名城意识不强，认识水平不高，视野不够开阔，规划体系不完整，一味地追求现代化和城市的高楼大厦，对古城尊重不到位，大搞大拆大建，大量的

普哈丁墓园

文物古迹和历史街区消失,千城一面成为城市建设较为普遍的现象。扬州在市委、市政府的重视下,名城保护工作起步早、规划起点高、保护意识强,坚持不懈地推进文物和古建筑的修复,科学认真地逐步恢复园林景点,古城风貌得到了有效保护。

## 第二节 跳出古城建新城 十年再建新扬州

1991 年以后,扬州市委、市政府开始调整、完善城市总体规划,并制定了新的城市布局和发展战略,提出城市建设按照“保护古城、向西建设新市区、跳跃开发沿江港口工业区、定向发展沿江城市”的规划思路,以开发区和西区建设为重点,初步规划新区建设,实现“十年再建一个扬州城”的目标。

经过 20 世纪 80 年代的改革开放,扬州的经济实力有了很大的提高,城市规模 1990 年人口增加到 30.1 万人,建设用地增加到 24.3 平方千米。

市委、市政府根据扬州社会经济发展态势，为解决古城保护、增加城市环境容量，协调好经济建设和城市发展的关系，对当时的城市总体规划进行适当的调整、充实和完善，调整了原来的“依托旧城，边缘外沿”的发展战略，以“定向延伸、跳跃开发、巩固主城、开发沿江、适当发展西部新区”为新的城市发展战略，1990 年 8 月推出《扬州市城市总体规划调整完善方案》。1996 年 7 月，扬州市、泰州市分设，再次对总体规划进行调整，于 1996 年正式形成了《扬州市城市总体规划(1996—2010)》。在规划中把城市性质确定为“历史文化名城，具有传统特色的风景旅游城市和长江下游重要的沿江工贸城市”，突出了历史文化名城的首要性和发展中的重要位置。果断采取跳出老城建新城、西进南下的建设方针，既为扬州社会经济的大发展提供了空间，也为古城保护创造了有利条件。

此次规划明确了老城区的范围，即东起古运河、南至古运河、西至二道河、北到北护城河，面积为 5.09 平方千米。老城区保护方向是维护古城传统风貌与格局，合理利用文物保护单位，严格控制人口密度、建筑密度和建设高度，疏散老城区人口，改善居住条件和环境，合理调整用地布局，搬迁有污染的工业企业或转变用地性质，重点发展商业、娱乐和旅游设施。规划确定了旅游业为扬州市的支柱产业。对老城区保护原则和重点作了明确，保护原则是继承、发扬优秀历史文化传统，保护城市原有风貌、格局和特色，在有效保护的同时，审慎地改造老城区和建设新区，做到城市建设与文物保护兼顾、古建筑保护与利用相结合，处理好新与旧、传统与创新、保护与建设的关系，切实保护好地面地下的遗址、墓葬、古建筑、古园林、古树木；维护生态平衡，走可持续发展之路；利用文化资源，合理安排景点建设，积极发展旅游事业，充分发挥历史文化名城优势和效能。保护重点是国家重点风景名胜区蜀冈－瘦西湖风景区以及各级文物保护单位 147 处。在规划中除继续坚持“河、湖、城、园”为保护核心之外，保护内容增加了三道古城轮廓线：唐代城垣轮廓线，宋三城(宋大城、宋夹城、宋宝祐城)轮廓

高旻寺鸟瞰

线，明清城垣轮廓线；三处文物重点埋葬区：唐代罗城西城垣、北城垣、城门遗迹埋葬区，宋夹城文物埋葬区，明旧城文物埋葬区；十处历史文化保护区：唐子城遗址与蜀冈风景名胜保护区，瘦西湖古典园林保护区，个园、逸圃名园保护区，仁丰里里坊保护区，南河下、广陵路盐商住宅楠木建筑群保护区，高旻寺宗教文化保护区，瓜洲古渡保护区，天宁寺、重宁寺、史公祠寺庙祠堂保护区，教场民俗保护区和湾头古镇保护区。名城保护的要求和措施也更加具体，包括控制老城区规模、提高居住环境质量、保护老城区原有的格局和道路骨架、严禁在老城区安排新的工业项目等。对于十处历史文化保护区，提出了编制各项详细保护规划、划定保护范围和建设控制地带的要求，并明确了保护与整治要求。

为了进一步加强名城保护，1993 年 12 月，市规划委员会通过了《老城区分区规划》，1994 年市政府批复同意。其指导思想：集中体现扬州市的城市性质——富有传统特色的历史文化名城和旅游城市；合理确定老城区的人口规模并调整与完善城市布局；加强名城保护，开发旅游资源；改造棚户和危房集中地段，加强城市基础设施建设；疏解老城区人口，降低建筑密度，逐步缓解老城区超负荷运转状况。规划的具体目标：疏解老城区居住人口，合理组织用地，完善交通网络，增强城市基础设施容量，弘扬优秀的历史文化内涵，保持秀丽典雅的城市风貌，创造清洁舒适的生活环境，发展旅游事业，逐步实现城市现代化，使老城区成为扬州市商业、贸易、金融、信息、旅游、文化娱乐多功能中心。规划的控规大纲重点：控制人口规模，调整用地结构，加强名城保护，开发旅游资源，改善道路交通。对各级文物保护单位等分别做了保护规划，划定保护范围和建设性控制地带，并提出了具体的规划设想。

古城保护与城市建设似乎永远是一组矛盾，发生冲突时该怎么办？扬州人熟悉的老市长施国兴以他的亲历，为这个题目交出了一份圆满的答卷。如今已年过八旬的施国兴谈及当年的经历，记忆犹新。

“扬州是座以皮包水、水包皮闻名于世的古城，上世纪 90 年代初后，扬州市政府开始注重对历史文物的保护，对古城的保护。”施国兴说，当时全

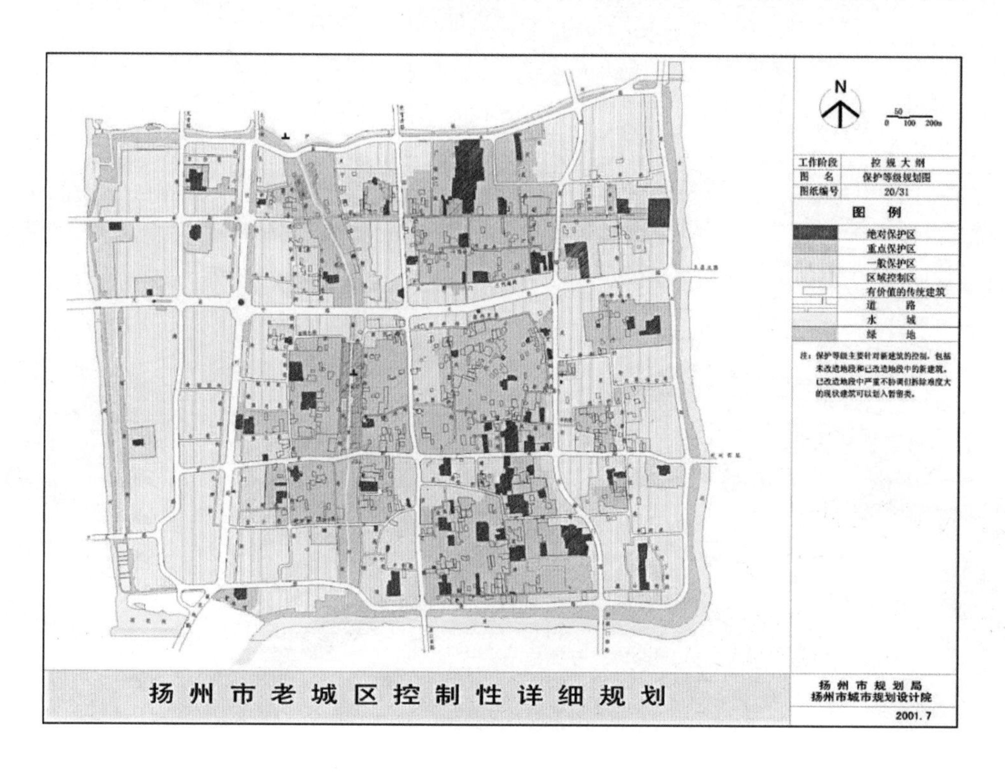

扬州开发区一瞥(周泽华摄)

瘦西湖(李斯尔摄)

国上下都掀起经济建设的热潮,扬州也不例外,当扬州的古城保护与城市建设发生冲突时,随之出现了两种截然相反的意见,一种意见认为经济发展重于一切,当时的扬州城区又破又小,当务之急是大拆大建,改观城市面貌;另一种意见则认为古城是老祖宗留下的珍贵遗产,不能大拆大建,要保护。

在这种情况下,扬州市委、市政府决心跳出古城建新城,老城区停止大规模建设,作出了向西向南发展的决策,保护古城与发展经济两不误,在这个决策下,扬州古城区得以保护。“当时对于古城保护的思路是很谨慎的,由于经济不允许,当时大家的共识是等有钱了有条件了再搞,经济不允许的情况下,对古城改造的步子就放慢,反正宗旨是古城保护,千万不能为了经济发展而毁掉古城。”文物保护不是简单的一句话,当两种思想两种意见相互碰撞时,需要决策者准确而理智的判断。“在当时的拆建改造中,出土了西门遗址,这是在我手上保护起来的。”施国兴说。

东圈门街（王虹军摄）

瘦西湖景区1988年被国务院列为"具有重要历史文化遗产和扬州园林特色的国家重点名胜区"，是列入世界文化遗产名录的扬州地标型景区，早在清代康乾时期已形成基本格局。上世纪90年代，扬州启动了对瘦西湖景区的保护，"当时我的要求是在瘦西湖景区里不能看到周围有高楼大厦，要保持瘦西湖的原真历史风貌。"抱着这个初衷，施国兴绞尽脑汁，最终想到一个好方法，"我安排了人在瘦西湖周边放一定高度的氢气球，然后我站在五亭桥上去看，如果看到了气球，那这个地方就不能有如此高度的建筑物，气球只能降低再降低，直到我看不见气球为止。"施国兴说，用了这个方法，瘦西湖周边的建筑物必须以目力所不能及气球的高度为限，超过这个高度一律被否定，从而保证了瘦西湖景区的历史风貌，为扬州古城再添璀璨风景。

1998年扬州召开了历史上层次最高、范围最大的城市规划工作会议，要求在新一轮城市规划中要立足现实，着眼长远，坚持高起点、高水平、高标准，尽快与国际接轨。并成立了市长任主任委员，分管市长为副主任委员的城市规划委员会，建立了市规划定点会议制度，各相关部门参加，对重大建设项目的选址、用地规模、规划设计等进行集体审定，同时建立重大项目专家咨询审议制度。城市规划上升到一个新的高度，有利于古城保护的推进。1998年扬州市组织编制老城区控制性详细规划的初步方案，市政府审查认可。2001年，考虑到老城区保护规划的特殊性，拟分控规大纲和地块成果两阶段进行。控规大纲经过市规划委员会、人大城乡建设工作委员会、市政协讨论研究，并向社会公示，广泛征求社会意见。市政府于11月邀请省建设厅和有关知名专家进行论证，12月15日市政府常务会议听取关于控规大纲及修改意见的汇报，17日市委又召开常委会对控规大纲进行进一步研究，19日市人大常务会主任会议听取关于控规大纲的汇报。12月14—26日市四届人大常委会第三十次会议审议并原则通过。2001年12月—2004年12月期间，在《老城区控规大纲》的基础上，又进行了

整治前的古运河

整治后的古运河新貌

老城区 12 个街坊控制性详细规划编制和上报审批工作。严格而认真的审批程序保证了编制的科学性和严肃性，同时还保证了市民与专家的参与，这些为进一步开展老城区保护、利用工作提供了全面而系统的规划依据。

保护规划和分区规划很好地体现了市委、市政府跳出老城、建设新城的思路，在 20 世纪 90 年代得到了很好的实施以及有效的保护、控制和利用，特别是在 90 年代如火如荼的全国房地产大开发热潮中，扬州利用这些规划减缓了对老城区成片、大规模的开发。老城区基本保持了原来的历史风貌，为今后古城保护积累了经验，创造了条件。

在这一时期，市委、市政府有计划地推动历史街区的保护和整治工作，在市容景观化、城市园林化、环境生态化、风貌特色化、建筑精品化、保护多样化、建设多元化等方面下功夫。1998 年下半年开始，投资 2.4 亿元整治纵贯老城区 13.5 千米的古运河，其作为扬州历史文化主脉得到重视，改变其脏、乱、差、危集中的现象，开辟环河公园，绿化美化临河一带的市容市貌，挖掘和保护沿线的古迹、景观，使其成为水上游览线，成为扬州新的旅游资源。至 2004 年，工程基本完成，扬州历史文化的优势得到了进一步彰显。

在整治古运河的同时，着手制定东关街历史街区保护规划，1999 年向国家申请了历史文化名城保护专项资金，首批东关街东圈门整治工程获得 250 万的支持，启动了扬州名城保护探索的新阶段。2000 年开始启动，本着“重点保护、合理保留、全面改善、局部改造”的整治原则，对东关街东圈门片区部分路段和建筑进行保护与整治。2001 年完成东圈门街、三祝庵街、地官第街一线，东圈门沿街两侧建筑和街景的保护和整治工作及汪氏小苑的维修工作等，原有的地面各类杆线全部下地，新铺各类管线 5728 米，麻石路面 2900 平方米，沿街拆除不协调建筑近 600 平方米，改造和修缮 4982 平方米，复建了始建于明代的东圈门。总投资 2300 万元。

至 90 年代末，扬州经过整修开发的园林景点已有 70 多处，散布在老

2001 年市领导视察东圈门(赵立昌提供)

城区的大街小巷,基本形成了“城在园中”“城园合一”的格局。已经有较高知名度的瘦西湖、个园等也获得了提升。扬州在迈向 21 世纪时,名城保护的思路更加成熟,市委、市政府对名城保护也更加重视,东圈门的保护与整治探索了历史街区提升之路,为即将开展的更大规模的名城保护准备了理论、技术、资料等多方面条件。

## 第三节　小心翼翼　复兴古城

2000 年 10 月 20 日,中共中央总书记、国家主席江泽民同志出席在扬州举行的润扬大桥开工典礼期间,专门为扬州题词:“把扬州建设成为古代文化与现代文明交相辉映的名城。”这个题词为扬州的发展,特别是名城保护指明了未来方向。古城作为名城的重要载体,其重要性再次得到空前的凸显。

2000 年 10 月 27 日,扬州市四届人大常委会第二十次会议做出了《关于加快旅游业发展的决议》,提出要“切实抓好扬州历史文化名城的保护,《老城区控制性详细规划》要在 2001 年编制好,此项规划出台前,除经市规划委员会批准的个别的危旧房改造外,老城区内拆建工程全部暂时停止”。扬州由此进入了名城保护的一个小心翼翼、科学探索、层次更高、理念更先进的阶段。

为适应新世纪扬州城市发展需要、呼应江苏省沿江开发战略、加强区域协调发展、建设古代文化与现代文明交相辉映的历史文化名城,扬州市委、市政府提出了建设“经济强市、文化大市、旅游名市、生态园林城市”的目标,对原来城市总体规划进行了修编,形成《扬州市城市总体规划 2002—2020》。在此次总体规划中将扬州城市性质定位为:历史文化名城,具有传统特色的旅游城市,适合人居的生态园林城市和长江三角洲北翼中心城市。城市发展战略是:围绕增强综合竞争力,打好“文化牌”“长江牌”和“生态牌”,强化城市在长江三角洲和南京都市圈中的重要作用;坚持经济、社会、环境协调发展的原则,实施可持续发展战略,优化产业结构,推进新型工业、旅游业和科教产业的协调发展;以工业作为“立市之本”,走新型工业化道路;统筹城乡协调发展。城市建设目标是:城市现代化形象得到充分体现、古代文化与现代文明交相辉映的城市个性与魅力进一步凸现;城市用地结构和用地布局科学合理,城市土地得到充分利用;城市基础设施日趋完善,城市供水供气得到充分保证,城市道路交通设施完善、路网结构合理,形成覆盖整个城市的公共交通网络;形成健全、可靠的城市防灾体系。

在编制总体规划的过程中,专门编制历史文化名城保护规划。2001 年开始,扬州编制老城区控制性详细规划,用以指导和规范老城区改造。2004 年年底,扬州全部编制完成了老城区 12 个街坊的控制性详细规划,确定扬州明清城区范围内 4 个历史街区,分别是东关街历史文化保护区、仁丰里历史文化保护区、湾子街历史文化保护区、南河下历史文化保护区。

2006 年,联合国副秘书长安娜和国家建设部副部长黄卫为联合国人居奖揭碑。(丁春晴摄)

扬州市荣获联合国人居奖庆祝大会

又将“双东”（东关街、东圈门）片区作为历史街区整治的试点区，编制完善了《东关街“扬州传统风情文化街”概念规划》《“双东”街区保护与整治引领项目规划》《“双东”街区一片十点详细规划》《扬州东关历史文化街区保护规划》等。经过多年的努力，扬州形成了包括城市总体规划、历史文化名城保护规划、老城区控制性详细规划。分街坊详细性规划、历史街区控制性详细规划、民居修缮规划在内的较为完整的多层次规划网络体系，为名城保护提供了依据。

在扬州“跳出老城建新城”和“西进南下东扩”等城市战略得到实现的前提下，老城区人口得到了疏散，名城保护有了基础条件，开始在老城区稳步推进古城保护和利用，确定了“整体控制，积极保护，合理保留，全面改善”的原则，继续以“护其貌、美其颜、扬其韵、铸其魂”的名城保护思路，以落实保护规划体系为抓手，谨慎选择试点区域，扎实推进古城保护工作，特别把古城保护和城市建设、改善古城人居环境等紧密联系起来，真正把古代文化与现代文明交相辉映的理念分解成每年的城市建设工作，从而使扬州的名城保护的层次有了极大的提升。

联合国人居奖奖牌

自2001年9月扬州启动了城市环境综合整治，前后共进行了三轮，到2010年基本完成。扬州城市面貌发生了根本性改变和提升。润扬长江公路大桥建成通车、宁启铁路开通、城市骨架全部拉开、基础设施得到改善、城市环境和城市功能明显提升，特别在人居条件上改善最大，并在2005

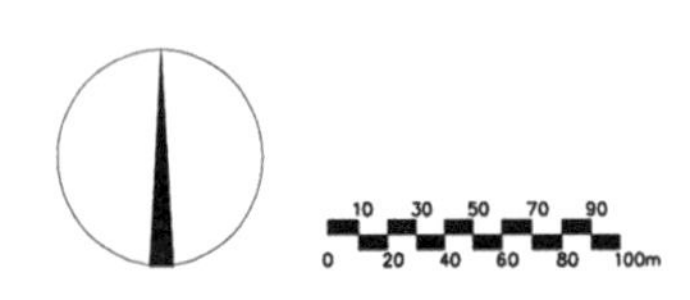
10 30 50 70 90
0 20 40 60 80 100m

盐
阜
广储门大街
国庆路
个园
花局里
（特色商业街）
逸圃
（高级会所）
艺蕾传习馆
武当行宫
东
牌
坊
巷
长乐客栈
街南书屋
华氏园
采花巷
诸姓盐商故居
砂锅井
东圈门16号
文

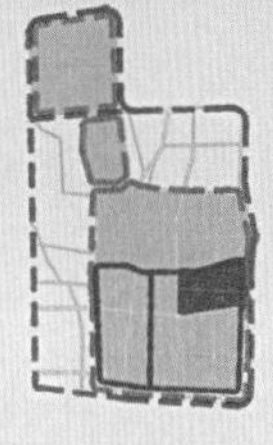



保留建筑

新建建筑

总平面图

年得到中国人居环境奖的基础上，于 2006 年获得联合国人居奖。2009 年中国社科院城市综合竞争力评价报告显示，扬州环境竞争力列全国第四。

老城区环境品质明显进步，一批绿化风光带、主题公园、博物馆建成对外开放，一些历史建筑得到修缮保护。东关街作为历史街区保护与整治的试点，实施了街巷翻建、基础设施配套、沿街风貌整治、文物建筑修缮、居民搬迁等，使历史街区的价值得到彰显。

2006 年扬州出台了《扬州市历史文化街区保护整治实施暂行办法(试行)》，明确了历史街区保护与整治的相关配套政策。2006 年 6 月，扬州市政府与德国技术合作公司签订协议，选择双东区域内的文化里 60 多户私房民居进行试点整治，以德国专家提出的“不大片拆迁，也不大批动迁”的

思路作为整治目标。经过几年努力，文化里民居的改造和有机更新成为历史街区整治的示范点。在取得成功的基础上，对古城区民居改造进行推广，凡是符合保护规划要求、予以保留的民居按照“保护传统风貌，内部设施配套，周边环境整好”的标准进行整治，放大文化里的效应。先在东关街历史文化街区实施，后来又将范围扩大至整个老城区。



2007 年制定了《扬州市老城区历史街区民居修缮导则》，2011 年又出台了《扬州古城传统民居修缮实施意见》，对按照古城风貌修缮的民居给予每户不高于 2.5 万元的政府补贴，到 2015 年已有 570 多户传统民居按照“自主参与，政府补贴”的原则进行了整治修缮，提高了老城区居民居住条件和生活质量。

古城历史街区（戴兴发摄）

“中国十大历史文化名街” 东关街揭牌仪式(洪晓程摄)

2007 年以后,市委、市政府以打造东关风情街为目的,启动了“一片十点”项目的建设、完善和提升,2010 年东关街被评为“中国十大历史名街”。为了加强扬州历史文化内涵的宣传和挖掘,市委、市政府要求扬州市建设局和文物局一起在古城内实施名城解读工程,对扬州的文物古迹、名人故居、古宅古井、古树名木、特色街巷等逐一进行解读,用中英文对照的方法对其历史史实、文化特点和审美价值进行诠释,增加历史文化的可读性。同时扬州结合文化博览城的建设,对扬州历史文化进行展示,使更多的人对这座“通史式”的城市有了更加直观、生动的了解。一些非物质文化遗产也得到了有效保护。

在古城保护中,扬州积极和大运河申遗进行对接,以申报世界文化遗产为契机,全面提高古城保护标准,市领导明确提出“城市建设要服从古城保护,古城保护要服从遗产保护”的要求,并依此对古城里各个申遗点进行整治,既为大运河沿线城市作了表率,又很大地提升了扬州古城保护水平。

扬州市委、市政府在古城保护方面积极探索有效的推进机制。2004

年市委、市政府专门成立了扬州市历史文化名城保护与利用、改造与复兴工作领导小组，由市委、市政府主要领导担任领导小组组长，相关职能部门和区的负责人任小组成员，负责古城保护工作的决策和协调。领导小组下设办公室，同时分设综合协调、规划设计、房屋搬迁、工程实施、名城解读等专业工作组，具体负责日常事务。为了进一步加强对古城保护工作的领导，2009 年扬州市委同意在市建设局增挂“扬州市古城保护办公室”牌子，内部增设古城保护管理处。2010 年扬州市政府又建立扬州古城保护联席会议制度，旨在定期研究古城保护管理工作，统一协调解决古城保护管理工作中的困难。2010 年 11 月，市政府 72 号令《扬州古城保护管理办法》将一些做法进行了固化和强调，为依法依规推进古城保护工作创造了必要条件。

为解决古城保护资金困难的问题，扬州探索建立多种资金运作平台。

2000 年 8 月，扬州市城建国有资产控股（集团）有限责任公司成立，主要职能是受市政府委托管理和经营市城建国有资产、运营城建资金，负责

2000 年 5 月城控集团公司成立仪式

2007 年扬州市历史文化名城研究院成立仪式，市长王燕文揭牌。

城市新建基础设施建设资金的筹措、管理和运营，以及城市基础设施项目的投资、融资、建设和运营管理等。公司成立以后参与了古运河东段风光带建设、教场改造等古城保护建设项目等。

2006 年 7 月，市政府又同意成立名城建设发展有限公司，作为古城保护的融资平台和实施主体，公司作为东关街、皮市街整治的主体，发挥了很好的作用。近 10 年来，公司实施各类建设项目 55 项(其中文物保护单位 16 处，建筑面积 20 万平方米)，总投资 30.4 亿元。

同时针对不同历史街区的特点，采取不同的方式筹措资金进行保护、整治和利用，逐渐形成了古城保护和利用的“扬州模式”。东关街采取了“政府主导，国企运作”型保护整治模式，由名城建设公司具体负责保护整治和街区管理工作；南河下历史文化街区采取“区级政府和市直部门紧密合作”的模式，市古城办、规划局等部门制定规划方案，由广陵区政府具体负责实施；彩衣街整治工程，采取“政府引导，居民自主参与”的模式，对经过批准整治、修缮的私房产权住户给予适当的资金补贴，调动沿街居民参与古城保护的积极性。

为解决古城保护中政策与技术等难题，为古城保护提供足够的智力支撑，2007 年，市政府又批复同意市建设局组建“扬州市历史文化名城研究院”，同时增挂“中国名城杂志社”牌子，为扬州古城保护提供理论指导和智力支撑。研究院成立以来，在办好《中国名城》杂志的同时，积极开展课题研究，其中《扬州市传统民居修复技术与规范》《扬州市城市品质内涵及提升》《扬州古城保护 100 个细节》等在古城保护中发挥了很好的作用。扬州市历史文化名城研究会等民间组织也积极参与古城保护，为古城保护建言献策，整个社会营造了一种古城保护的良性互动，被名城保护研究界称为名城保护的“扬州模式”。

## 第四节　精准保护　全面复兴古城

扬州在坚持保护为前提、利用是关键、改造是手段、复兴是目的的整体名城保护的思路中，牢牢把握古城是城市的组成部分，用原封不动、博物馆式来保护古城是不现实的，必须采取开放式的保护利用方式，坚持在保护古城完整性、真实性的前提下，不断改善古城居住环境，提高居民收入，让古城得到全面复兴，这样古城保护才具有可持续性、可复制性，才能真正调动市民的参与。

随着古城保护的不断深入，古城整体形象和人居环境都发生了显著变化，古城保护也有了新的要求。2009 年 12 月 20 日，扬州市委五届八次全会提出以 2015 年扬州建城 2500 周年为时间节点，建设“创新扬州、精致扬州、幸福扬州”的战略构想，用精致的理念引导城市建设，推动城市品质提升。2015 年 12 月 27 日，扬州市委六届十次全会召开，会议总结了扬州以迎接建城 2500 年为契机，坚持项目为王、人才为纲、生态为基、文化为魂、精致为要、民生为本，一张蓝图绘到底的科学发展思路，强调了始终坚持名城建设的战略定位的重要经验，会议要求要加快建设国际文化旅游名城，进一步提升“两古一湖”核心旅游版块，加快发展市县联动的大旅游，推动文化与旅游、生态与旅游融合发展，加快“宜游城市”建设。要求通过推进生态财富与物质财富的同步积累、古代文化与现代文明的交相辉映，进一步把生态人文的资源优势转变为发展优势，把环境吸引力转变为城市核心竞争力，在培育城市竞争力上有新跃升。这些具体而明确的要求对古城保护和利用提出了更加高、更加严的标准同时也更加具有操作性、更加能让市民有获得感。

古城保护围绕“精致扬州”的内核与世界名城追求的目标，自2010年以来开展了卓有成效的工作：

2010年市委、市政府提出围绕扬州城庆2500年，扬州启动创建全国文明城市、国家生态市、国家森林城市和申报世界文化遗产工作，这些工作指标有测评分数和打分办法，更加具体，更具有操作性。以《全国文明城市测评体系》考核数据为例，其中第27项“文化遗产定期保护、保存完好率≥95%”是文明城市考核的规定指标。在《国家森林城市评价指标》中对公园建设的要求是多数市民出门平均每隔500米就有休闲绿地。2010年国家印发的《中国人居环境奖评价指标体系》中专门列出“历史文

2009年“为民办实事”念四二村老小区整治工程（原维扬区建设局提供）

化与城市特色”一项,将历史文化保持完好与城市风貌特色作为两大定性指标。对城市历史文化遗产保护管理制度、文物工作“五纳入”规定、历史街区保护都有明确要求。同时对城市风貌特色的指标也有解释:城市景观风貌专项规划经过审批,实施效果良好;城市自然人文景观具有鲜明特色,城市的标志、节点、示意性要素清晰可辨,给人印象深刻;城市新建建筑要有地方特色。这些具体的指标对历来高度重视城市文化遗产保护的扬州市委、市政府来说,工作更加契合申报要求,把城市文化遗产资源转变为城市文化资本的工作更有动力。历史文化名城不再只是提高知名度与美誉度的文化名片,而是城市一种经营运作的品牌和城市发展推力和核心竞争力的依托。

申报世界文化遗产更是对扬州古城保护水平的提升有了很大的促进,城市文化遗产标准更高,参照系更加开阔,具体保护工作更加规范。通过申遗,扬州调整提高了文物保护的水平,规范了过去文物维修和环境综合整治的习惯做法。同时也培养了一批对世界文化遗产有一定研究能力的学术研究队伍,能把握世界文化遗产标准的工程技术队伍,为扬州文化遗产高品质的管理积累了人才与经验,为扬州古城保护提供了可持续发展的人才。

2011 年 11 月 21 日颁布的《扬州市历史建筑保护办法》经过市政府第五十次常务会议讨论通过,以市人民政府令名义于 2012 年 1 月 1 日起施行。该令分总则、历史建筑的认定、历史建筑的保护、法律责任、附则,共 5 章 25 条。规定了扬州历史建筑的概念和认定标准:经扬州市人民政府确定公布的具有一定保护价值,能够反映历史风貌和地方特色,未公布为文物保护单位,也未登记为不可移动文物的建筑物、构筑物。具体标准为:

(1)建筑类型、建筑样式、工程技术和施工工艺具有特色和科学价值的;

(2)能反映扬州历史文化特点、民俗传统文化和传统手工技艺,具有时代特色和地域特色的建筑；

（3）著名建筑师的代表作品；

（4）著名人物的故居、旧居、纪念地以及和重大历史事件有关的建筑物；

（5）其他体现地方历史文化价值的建（构）筑物。

由此可见，第一，历史建筑需要具有一定的保护价值，而历史建筑的保护价值一般包括以下三个方面：①历史记忆价值，即“可以保留对逝去事件的记忆（Memory）”；②标本研究价值，即“可以保存人类造物的标本（Sample）”；③文化象征价值，即“作为象征性纪念物表达某种场所的精神（Symbolism）”。因此，不是所有的传统建筑都是历史建筑。第二，历史建筑与文物保护单位的关系由此也可以理顺：①历史建筑概念范畴肯定不包含文物保护单位；②历史建筑是指特定保护价值的建筑；③优秀的历史建筑有可能是潜在的文物保护单位。因此，历史建筑的层次低于文物保护单位。最后，历史建筑认定的权威部门是政府及其相关部门。因此，历史建筑的认定工作同文物保护单位一样具有严格的专业性、程序性和权威性特点。

南河下历史文化街区（洪晓程摄）

依据上述标准，在扬州城区范围内，目前被认定的第一批及第二批历史建筑共56个，分为7种类型，包括居住建筑25个、商业建筑12个、宗教建筑8个、文教建筑7个、产业建筑2个、会馆类建筑1个及构筑物1个等，其中居住类建筑又分为三种，典型民居18个、名人故居4个和洋楼3个。这些为进一步明确古城保护对象，精准保护古城文化，丰富古城保护层次，延伸古城保护概念等都起到了引导作用，也为探索依法保护古城作了积极的准备。2016年扬州市着手《扬州市古城保护条例》的制定，将一些好的制度与做法固化，将古城保护工作部门的职责进一步明确，使扬州的古城保护更加科学、可持续，真正使古城保护有法可依，有据可循。

古城是居民的古城，扬州市委、市政府高度重视居民居住、生活等条件的改善。2010年以来，扬州在老城区启动了包括老街巷、老宅子、老小区在内的“八老”改造。到2015年，投资5850万元，翻建街巷207条，总长56.2千米，配套建设了一批停车场、公共厕所和垃圾中转站等基础设施，解决了老城区的各种环境问题。拆除违章建筑腾出空间进行绿化，老城区新添了30多处公共绿地。2014年又开始实施以“一水一电一消防”为主要内容的古城基础设施提升工程，分年度对老城区的地下管网、供电设施、燃气设施、消防设施进行改造，改善古城人居环境，提高居民的生活质量。在制定各项政策时，特别注意活化民居，提升居民财产性收入。在注意保护历史街区的同时，本着宜居则居、宜商则商、宜游则游的原则，鼓励有条件的居民开设民居客栈等和古城相适应的第三产业，支持居民一起探索增加资产性、经营性收入的新途径，在南河下历史文化街区保护中初见成效，这为古城保护增加了可持续的动力。随着居民收入水平的提高，扬州一些喜好古建筑的个人出资收购衰败、废弃以及无人居住的民居，按照扬州传统特色建筑精心打造，成为既具有传统特色，又能接近现代居住条件的新民居，目前古城约有40多户这样的新传统民居。还有一些居民利用自己居住的庭院精心打造私家园林，在狭小的空间精心布置假山竹

广陵路民居改造后的庭院

木、小桥流水，呈现扬州传统园林的意境，在老城区和近郊古镇有 80 多个私家小园林。新传统民居和私家园林在某种意义上继承和弘扬了扬州传统建筑和园林艺术，有一定的积极作用和意义，对民间出现的这种新情况，市政府积极给予引导、技术支持，对符合条件的给予资金补贴，更多地调动了古城区居民参与古城保护的积极性，使“新扬州园林”与老城区历史建筑保护有机地结合起来，扬州古城从“和谐人居”向“美丽宜居”的目标全面提升。

# 第三章

# 古城保护与复兴的“扬州实践”

事非经过不知难。如今，扬州古城的保护与复兴取得举世瞩目、普遍认可的成绩，绝非一朝一夕之功。面对古城“扬州蓝本”的一系列特点——首批中国历史文化名城之一、中国地级城市中最具代表性的古城、历史悠久的“通史式城市”、古运河与古城同生共长、保护“两古”（古城、古运河）不可偏废、保护对象主要分为明清古城和大面积地下古城遗址两大类、正确处理保护古城与建设新城的关系是一个极为复杂的课题等等，历届扬州市委、市政府沉着冷静，登高望远，坚守底线，艰苦实践，一步一个脚印，走出了一条古城保护与复兴的“扬州之路”。

## 第一节　完善古城保护法规体系

1949 年 8 月，扬州市建设科参照民国江都县政府 1945 年至 1946 年制订的江都县城厢规划，制订了《扬州市建筑管理暂行规则》，附有拓宽城厢街道尺度表，同年 12 月 27 日经扬州地区行政专员公署批准。

1950 年地方政府制定如下城市建设改造方针：（一）保留传统的方格网格局和行政、商业、居住性质；（二）新建工厂放在老城区古运河以南；（三）严格控制瘦西湖风景区和古城遗址保护区；（四）将毗邻瘦西湖的西郊作为大专院校文教区。按上述拓宽城厢街道计划和城建改造方针，1952 年在西郊动工兴建苏北师范专科学校、苏北农学院、扬州工业学校。1954 年市人民政府颁布瘦西湖风景区区域范围，并成立瘦西湖风景区整建规划委员会，经逐年整修建设，从大虹桥至五亭桥沿湖已恢复主要景观。

同济大学师生绘制小盘谷修建设计图

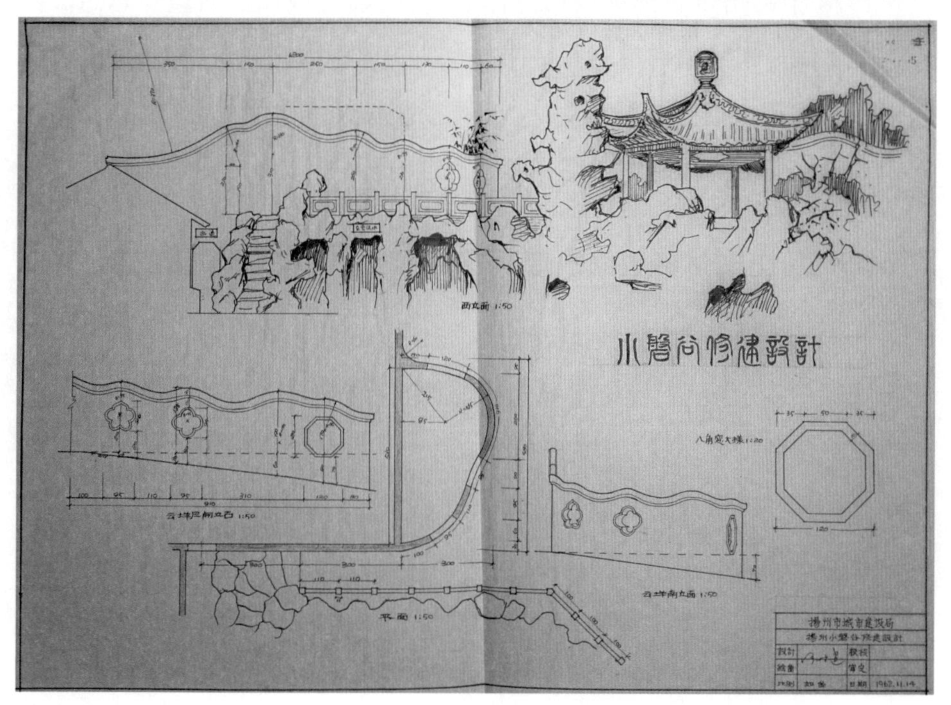

1955年，上海同济大学建筑系部分师生来扬实习，与扬州市建设科合作，调查扬州城市现状，对扬州城市历史沿革、自然条件、人口、土地使用、居住区、公共建筑、学校、园林绿地、名胜古迹、工业、交通运输、公用设备、郊区状况等12类现状分别作调查分析，编制出《扬州市城市现状调查》资料，并绘制成各类现状图，为随后编制扬州城市规划提供了较为详实的基础资料。

1956年，江苏省提出《城市发展远景规划意见》，扬州市建设科在同济大学部分实习师生的支持下，编制成功能分区、道路广场、对外交通等部分城市规划初步方案。

1957年初，同济大学部分师生来扬实习，完成扬州城市总体规划，并于当年写出总体规划比较方案说明书。提出以文教为主的城市性质，城市人口规模为18万人，功能分区规划城东南为工业区，运河南岸为仓库区，居住区向西北发展，西部为文教区，西北为瘦西湖风景区及疗养用地。此规划为江苏省首个城市总体规划。

1978年扬州重新修编城市总体规划，明确古城保护的重要思想。其后三次总体规划修编中都将古城保护专项规划作为修编重点。2004年底，扬州市人大审议通过古城区12个街坊控制性详细规划。至此，从总体规划到专项规划再到控制性详细规划，形成了扬州古城保护规划体系。

## （一）历史文化名城保护专项规划

1982年，扬州市首次在城市总体规划（1982—2000）中，编制历史文化名城保护专项规划，确定名城保护的原则及总体格局，明确老城区是扬州历史文化的重要体现区域。

1990年，扬州开始制定第二轮城市总体规划，重新修订历史文化名城保护专项规划，确立以“河、湖、城、园”为核心，保护和规划建设好邵伯湖至瓜洲段的古运河一条主脉；蜀冈–瘦西湖风景名胜区和老城区（明、清城址）两大片；唐代扬州城垣轮廓线，宋三城垣（宋大城、宋夹城、宋宝祐城）

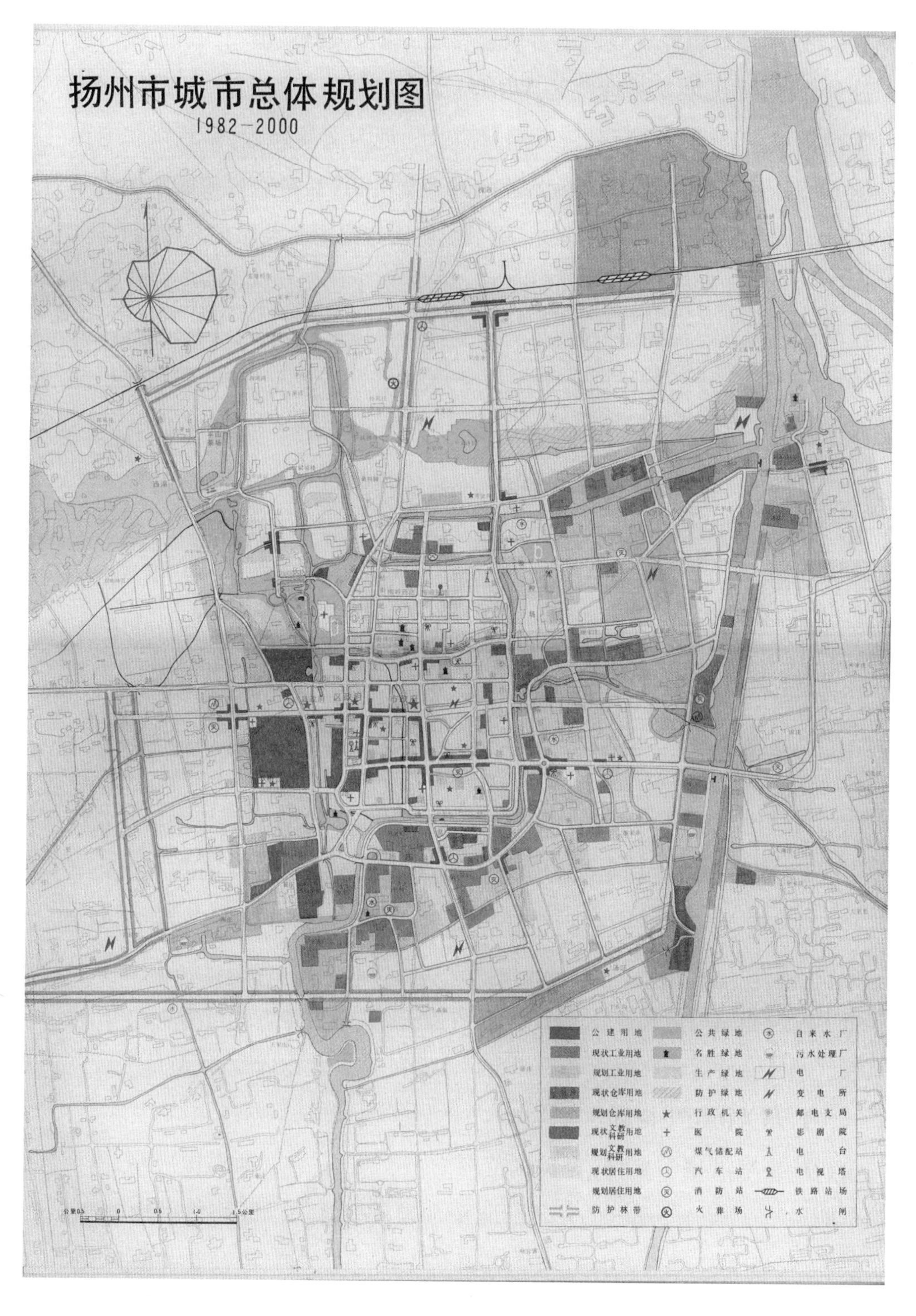
扬州市城市总体规划图
1982—2000
公建用地
现状工业用地
规划工业用地
现状仓库用地
规划仓库用地
现状文教科研用地
规划文教科研用地
现状居住用地
规划居住用地
防护林带
公共绿地
名胜绿地
生产绿地
防护绿地
行政机关
医院
煤气储配站
汽车站
消防站
火葬场
自来水厂
污水处理厂
电厂
变电所
邮电支局
影剧院
电台
电视塔
铁路站场
水闸

轮廓线,明清城垣轮廓线三道古城轮廓线;唐罗城西城垣、北城垣、城门遗迹埋藏区,宋夹城文物埋藏区,明旧城文物埋藏区三处文物重点埋藏区;古城新貌主干道〔石塔路、三元路、琼花路(现为文昌路)〕,传统风貌老街道(大东门街、彩衣街、东关街),旅游商业服务街(盐阜路),城区水上游览线(小秦淮河)四条重点保护线;唐子城遗址与蜀冈名胜保护区,瘦西湖古典园林保护区,个园、逸圃名园保护区,仁丰里里坊保护区,南河下、广陵路盐商住宅楠木建筑群保护区,高旻寺宗教文化保护区,瓜洲古渡保护区,天宁寺、重宁寺、史公祠寺庙祠堂保护区,教场民俗保护区,湾头古镇保护区等十处历史文化保护区和一批重点文物保护单位。

2002年,扬州市开展第三轮城市总体规划(2002—2020)的修编工作,再次专门修编历史文化名城保护专项规划,强调在老城区,重点保护老城区的传统格局、历史街区和文物保护单位,逐步减少居住人口,提高老城区基础设施承载力,严格控制老城区建筑高度和色彩,保持现有街巷体系,有效保护老城区独特的城市格局,体现"逐水而城、历代叠加""双城街巷体系并存"和"河城环抱、水城一体"的特征;保持老城区古朴的城市风貌,维持"平缓型"的城市空间、匀质细腻的城市肌理和集"南秀北雄"于一体的建筑风格。蜀冈-瘦西湖风景名胜区,重点保护景区内已探明的文物埋藏区、文保单位和古树名木等历史遗迹,保护景区历史人文环境和视野环境;加强对古城河水系保护,维持历史遗迹的基本空间骨架。进行大型基本建设工程,建设单位应当事先报请省人民政府文物行政主管部门组织从事考古发掘的单位在工程范围内有可能埋藏文物的地方进行考古调查、勘探。十处保护区调整为六个历史街区和一处重点文物埋藏区,具体为:

**1.东关街历史街区**

位于老城区东北部,保护区范围为东至观巷一线,西至国庆路,南至东圈门—三祝庵—地官第一线,北至个园及下总门一线。总用地24.35公顷;规划要求,在保护区内有传统商业街——东关街,尚存老字号17处,

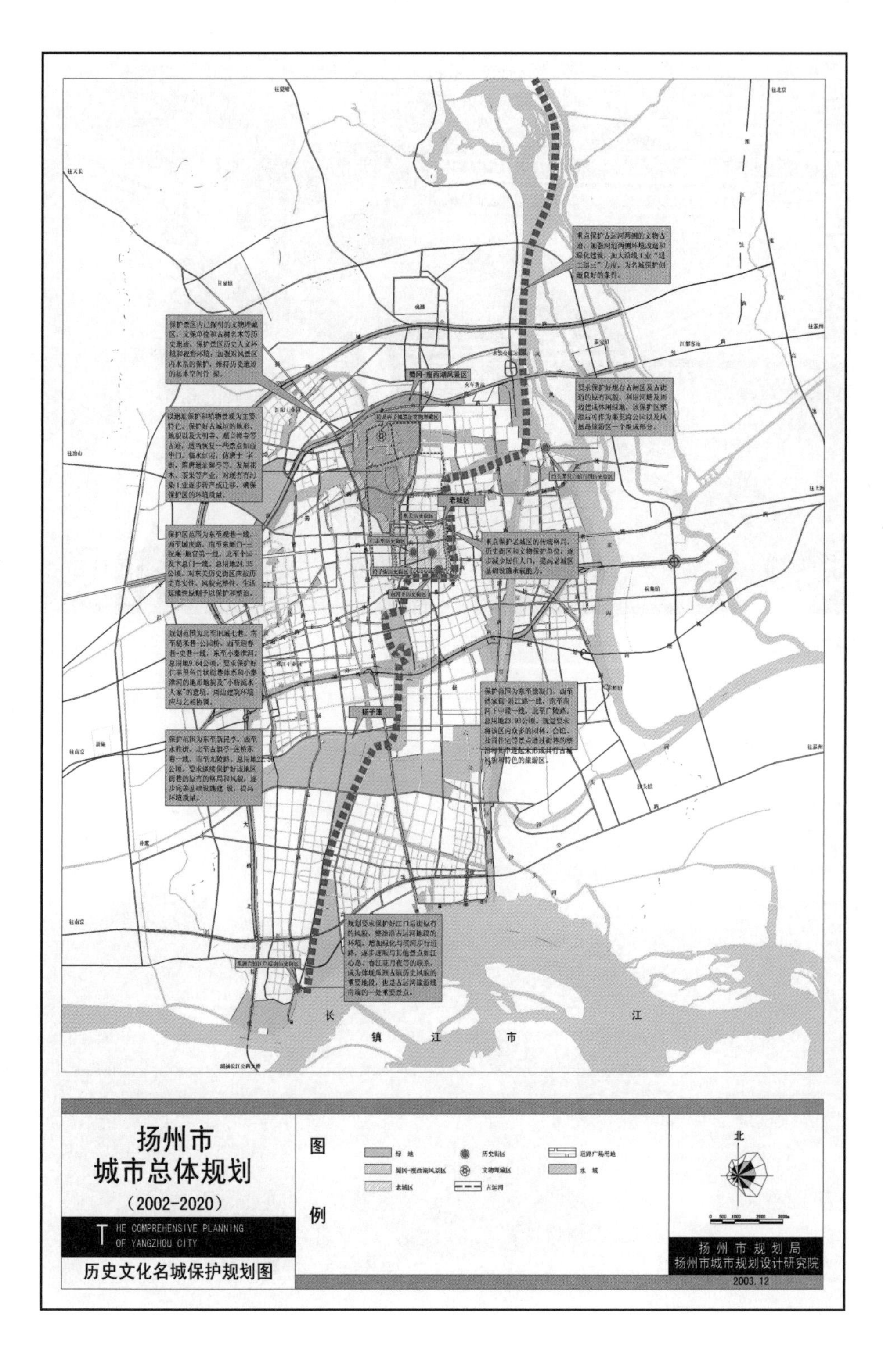
老城区
扬子津
长
江
镇
江
市
扬州市
城市总体规划
（2002-2020）
THE COMPREHENSIVE PLANNING
OF YANGZHOU CITY
历史文化名城保护规划图
图
例
北
扬州市规划局
扬州市城市规划设计研究院
2003.12

东关街历史街区一角

仁丰里一带旧城区鸟瞰(洪晓程摄)

国家级文保单位个园，国家级文保单位汪氏小苑，还有佛教、道教、伊斯兰教建筑及名人故居等市级文保单位15处和若干传统建筑。对保护区应按历史真实性、风貌完整性、生活延续性原则予以保护和整治。

2.仁丰里历史街区

北至旧城七巷，南至曹李巷—公园桥，西至迎春巷—史巷一线，东至小秦淮河。总用地9.64公顷；规划要求，该地段是旧城具有代表性的地段，明清时主要是官府驻地及官府要员居住区，目前尚保留的鱼骨状街巷体系体现了唐代里坊制独特格局，小秦淮河体现"小桥流水人家"的意境。要求保护好仁丰里鱼骨状街巷体系和小秦淮河的地形地貌及"小桥流水人家"的意境。周边建筑环境应与之相协调。

3.湾子街历史街区

东至新民巷，西至永胜街，北至古旗亭—莲桥东巷一线，南至广陵路。

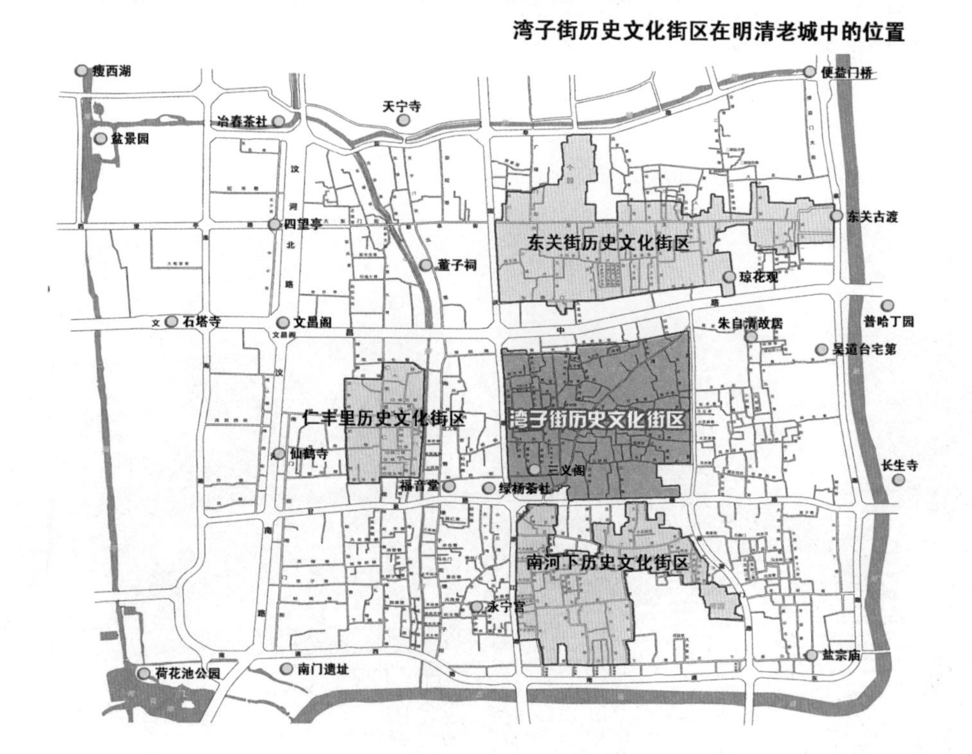

总用地 22.50 公顷；规划要求，湾子街为传统商业街，至今仍保存有 17 处老字号店面，其布局独特，是老城区唯一的一条由西南向东北的斜边式道路，该地区改造较少，基本保持了传统民居的原貌和朴实的民俗风情特征，还保留了从明代到民国时期建立的道教、佛教、基督教宗教建筑 6 处。规划要求继续保护好该地区街巷的原有格局和风貌，逐步完善基础设施建设，提高环境质量。

**4.南河下历史街区**

北至广陵路，南至南河下中段及花园巷一线，东至徐凝门路，西至傅家甸、渡江路一线。总用地 23.93 公顷；规划要求，该保护区内保留了较多的盐商住宅及会馆，有廖姓盐商住宅、湖南会馆、岭南会馆等，还有多处城市园林，有国家级文保单位何园、小盘谷，市级文保单位二分明月楼、贾氏庭园、平园、棣园等，构成了该区域的特色。规划要求将该区内众多的园林、会馆、盐商住宅等景点通过街巷的整治将其串连起来，形成具有古城风貌和特色的旅游区。

南河下历史文化片区（洪晓程提供）

5.湾头茱萸湾古镇古闸历史街区

北至古运河，南至河塘一线，东至壁虎河，西至船舶技工学校实习工场。总用地3.2公顷；规划要求，该保护区内有茱萸湾古闸区(市级文保单位)，闸区有古街道一条，基本保持原有风貌。北侧与社会福利院及茱萸湾公园隔河相望，东侧壁虎河，南侧为河塘，自然环境较好。规划要求保护好现存古闸区及古街道的原有风貌，利用河塘及周边建成休闲绿地，该保护区整治后可作为茱萸湾－凤凰岛旅游区的一个组成部分。

6.瓜洲古镇江口后街历史街区

瓜洲镇陈家湾、戚庄、江口街一片。总用地约为8公顷；规划要求，瓜洲镇是一个有着悠久历史的古镇，其中陈家湾、戚庄、江口街是老镇区中较好体现传统的地段，街巷体系完整，石板路保留基本完好，建筑基本为传统样式。规划要求保护好古街道原有的风貌，整治沿古运河地段的环境，增加绿化与滨河步行道路，逐步理顺与其他景点如江心岛、“春江花月夜”等的联系，成为体现瓜洲古镇历史风貌的重要地段，也是古运河旅游线南端的一处重要景点。

7.隋及唐子城遗址文物埋藏区

隋及唐子城遗址保护区位于蜀冈－瘦西湖风景名胜区的最北端，南起蜀冈，北、西至城河，东至扬菱路一线，占地约3平方千米。隋及唐子城遗址是我国目前保存最好的唐代城池之一，属国家级文物保护单位。在此范围内，保存有隋及唐子城遗址、古城垣及护城河、西华门(瓮城)、南门(瓮城)、十字街、汉墓博物馆以及堡城花木果园等。规划要求，作为隋及唐子城遗址保护，应以遗址保护和植物景观为主要特色，保护好古城垣的地形、地貌以及大明寺、观音禅寺等古迹，适当恢复一些景点，如西华门、临水红霞、仿唐十字街、隋宫遗址碑亭、唐节度使衙门遗址碑亭等，发展花木、茶果等产业，对现有有污染的工业逐步转产或迁移，确保保护区的环境质量。

茱萸湾鸟瞰

瓜洲鸟瞰

唐城遗址鸟瞰（王虹军摄）

## (二)老城区控制性详细规划

### 1.规划编制情况

为了更好地保护古城,改善老城区的生活环境,促进旅游事业的发展,2001 年,根据市四届人大常委会第三十次会议审议原则通过的《扬州市老城区控制性详细规划大纲》,市规划局编制老城区街坊规划。控规大纲将老城区划分为 12 个街坊,2002 年编制完成 2 号街坊(东北)、3 号街坊(北)、9 号街坊的控制性详细规划,并按相关程序提请市四届人大常委会第三十八次会议审议并通过; 2003 年组织编制完成 3 号街坊(南)、4 号街坊、6 号街坊的控制性详细规划,按相关程序提请市五届人大常委会第三次会议审议并通过。2004 年组织编制 7 号街坊、8 号街坊、11 号街坊、12 号街坊、1 号街坊、2 号街坊(西北、南)、5 号街坊、10 号街坊控制性详细规划,按相关程序分别提请市五届人大常委会第十次和第十一次会议审议并通过。至 2004 年底老城区 12 个街坊控制性详细规划全部完成并经市人大常委会审议通过。城市总体规划、历史文化名城保护专项规划、老城区控制性规划大纲、分街坊控制性详细规划形成一套比较完整的老城区保护和建设的规划体系。

### 2.老城区控规大纲

老城区范围

东、南至古运河,北至北护城河,西至二道河,面积 5.09 平方千米。老城区功能定位: 体现历史文化名城内涵的核心区域; 城市重要的(传统)文化旅游商业地区; 具有传统特色的居住场所。规划原则: 在全面保护古城风貌的前提下,实行“整体控制、积极保护、合理保留、全面改善”的原则。整体控制: 对 5.09 平方千米的老城区进行整体控制,全面保护老城区的整体传统格局与风貌; 积极保护: 按照点(文物古迹、有较高历史价值的传统建筑)、线(水系、传统街巷)、片(传统建筑群)、面(历史文化保护区)

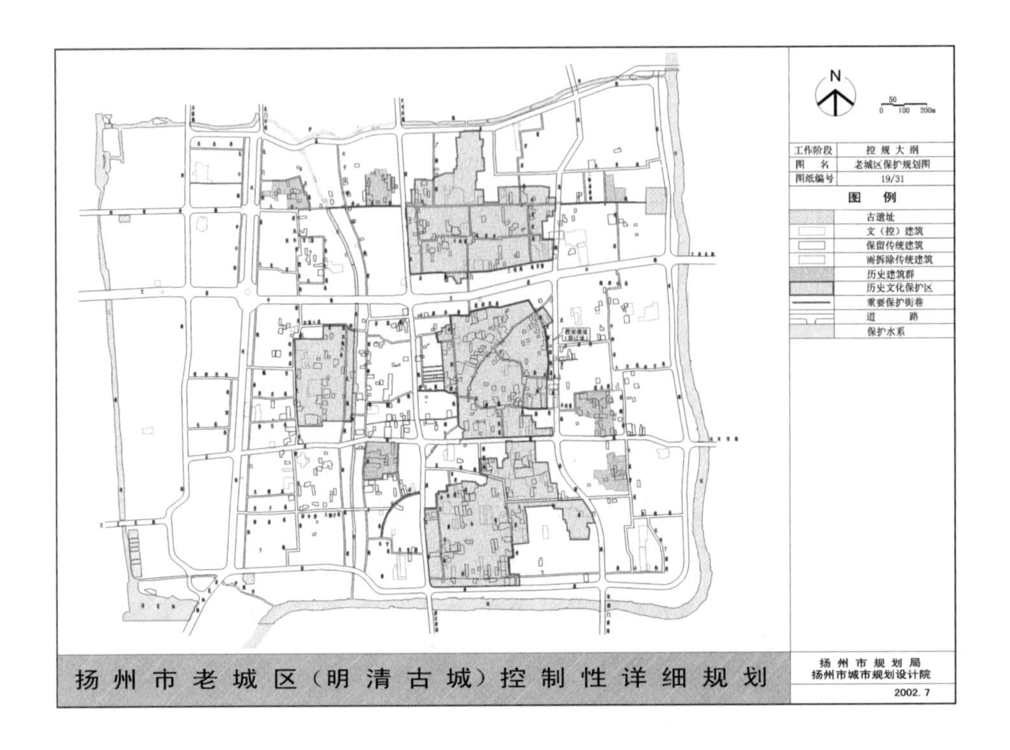


结合的方式，重点保护有价值的历史遗存及其环境；对不具备历史价值和地方特色的简易房、危旧房以及严重影响老城区传统风貌及用地功能的现代建筑，按扬州传统风貌和格局的要求进行整治和改造；合理保留：保留并整治虽然建筑质量较差但具有一定地方特色的建筑，以及建筑质量较好但与传统风貌不够协调（尚未产生强烈冲突）的建筑；全面改善：对老城区进行逐步整治，使老城区的交通状况、市政基础设施及生活居住环境质量得到合理的、逐步的改善。

保护要素

独特的城市格局；古朴的城市风貌；秀丽的城市园林；多元的城市文化；丰富的历史遗存。

保护框架

1条主脉——古运河。

2条轴线——小秦淮河(水轴),大东门街—彩衣街—东关街(陆轴)。

4个历史文化保护区——东关街历史文化保护区、仁丰里历史文化保护区、湾子街历史文化保护区,南河下历史文化保护区。

6组传统建筑群——北矢巷传统建筑群、牛背井传统建筑群、正谊巷传统建筑群、弥陀巷传统建筑群、小草巷传统建筑群、居仁里传统建筑群。

574处历史建构筑物——90处文(控)保建筑、484处传统建构筑物。

众多的古井、古树名木和传统街巷——老城区现有的五百多处古井;11株一级保护树木;12株二级保护树木;400多条传统街巷。

保护层次

老城区按“绝对保护、重点保护、一般保护、风貌协调”四个层次进行保护与规划控制,分别采取修旧如旧、保外改内、保护视线、保护格局和延续风貌的保护办法。

保护规划

保护范围及内容:

古运河保护范围:老城区周边古运河地段,以泰州路、南通东路为界,全长4.5千米,总用地28.40公顷。

小秦淮河保护范围:小秦淮河及两岸,东沿天宁门街—北柳巷—南柳巷—埂子街一线,河西线石灰巷—九巷—旧城六巷—北城根—南城根一线,南至南通西路,北至盐阜西路。全长1.9千米,总用地23.35公顷。

北护城河保护范围:北护城河两岸,东起便益门桥,西至柳湖路,全长2.6千米,总用地5.21公顷。

二道河保护范围:二道河及两岸,南起荷花池公园,北至北护城河,全长2.0千米,总用地4.62公顷。

保护与整治要求:

保护范围内的建筑应为坡屋顶(黛瓦青砖),色彩以(浅)青灰色为主调,功能以居住及服务业建筑为主。门、窗、墙体、屋顶等形式应符合传统风貌要求。建筑布局应符合扬州传统建筑格局与风貌要求,在保护滨河地形地貌的前提下进行整体设计。河道应及时疏浚,保持河水清洁。桥梁、驳岸、栏杆、休息座椅等应具备地方传统特色,对古桥应加以保护。

传统街巷保护规划

保护对象及范围:将老城区内的街巷分为三种类型进行保护与整治。(1)历史文化保护区和传统建筑群范围内的街巷;(2)重点保护街巷;(3)一般保护街巷。

保护与整治要求:保留街巷名称、保护其内含的历史文化价值,应增加保护街巷传统名称的内容,近年来被不当改动的老街巷名称,应恢复原名;保护街巷的走向与格局,体现"双城街巷体系"的传统特色;保护街巷两侧的传统建筑、古树名木、古井等传统要素;重点保护街巷应严格保护其原有尺度和空间布局。一般保护街巷可根据城市交通及用地规划作适当调整,在保持原有空间比例的前提下进行拓宽,但其建筑体量、色彩、材料等应和古城传统风貌相协调。

历史建筑保护规划

保护对象及范围:文物保护及文物控制建筑;其他有价值的传统建筑。

保护与整治要求:文(控)保建筑一般情况主要采取以下两种方法修缮和调整使用。

有价值的传统建筑,其外观保护方法必须坚持原样修复的原则,内部可在保持原有结构体系的前提下根据现代生活的需求加以改造。

历史文化保护区保护规划

老城区按照历史的真实性、风貌的完整性、生活的延续性原则,依据街区传统风貌的现状评价情况,兼顾历史文脉的完整性,划定四处历史文化保护区。

保护范围:为切实保护历史文化保护区的传统风貌和周边环境,保护

东关街、东圈门地区鸟瞰图

范围分两个层次：一是按照现状传统风貌的完整性确定重点保护区，需按照历史文化保护区的保护要求进行相应整治；二是兼顾历史文脉完整性的要求，在重点保护区的周边确定相应的严格控制区，其建设活动应充分考虑历史文化保护区传统风貌的延续，结合所在地段控规，严格控制新建建筑的体量和风格。

东关街历史文化保护区。重点保护区：东至观巷一线，西至国庆路，南至东圈门—三祝庵—地官第一线，北至个园及下总门一线（按保护的历史建筑分布状况确定）。总用地：24.35公顷。严格控制区：东至泰州路，西至国庆路，南至文昌中路，北至盐阜路，面积76.4公顷。

仁丰里历史文化保护区。重点保护区：北至旧城七巷，南至曹李巷—公园桥，西至迎春巷—史巷一线，东至小秦淮河。总用地9.64公顷。严格控制区：东至国庆路，西至南门街，南至甘泉路，北至文昌中路，面积

40.6公顷。

湾子街历史文化保护区。重点保护区：东至新民巷，西至永胜街，北至古旗亭—莲桥东巷一线，南至广陵路，总用地22.50公顷。严格控制区：东至皮市街，西至国庆路，南至广陵路，北至文昌中路，面积37.1公顷。

南河下历史文化保护区。重点保护区：北至广陵路，南至南河下中段及花园巷一线，东至徐凝门路，西至傅家甸、渡江路一线，总用地23.93公顷。严格控制区：东、南至南通西路，西至渡江路，北至广陵路，面积67.0公顷。

保护与整治要求：（1）保护传统风貌。整体保护街区格局与风貌，保护反映街区风貌的各种要素（建构筑物、河流、街巷、水井等）。基础设施的完善必须服从文物和传统风貌的保护要求。（2）保护社会网络。（3）积极改善环境质量。（4）逐步整治物质空间。

传统建筑群保护规划

保护对象及范围：根据文（控）保建筑单位和较高价值传统建筑的相对集中程度，划分出6组传统建筑群。（1）北矢巷传统建筑群。东至崇德西巷，西至大芝麻巷，北至流水桥，南至螺丝结顶、广陵路一线。总用地2.27公顷。（2）牛背井传统建筑群。东至大流芳巷，西至元宝附三巷北延伸段，北至文公祠北界，南至元宝巷北侧一线。总用地1.59公顷。（3）正谊巷传统建筑群。东至石灰巷，西至北门街，北至现状多层住宅建筑一线，南至大东门街。总用地1.58公顷。（4）弥陀巷传统建筑群。东至国庆路西（杨总门），西至弥陀巷，北至妇幼保健医院，西至彩衣街。总用地1.66公顷。（5）小草巷传统建筑群。东至现状文保单位东界，西至小草巷，北至现状四层住宅建筑一线，南至东关街。总用地0.71公顷。（6）居仁里传统建筑群。东至大十三湾，西至埂子街，北至甘泉路，南至水仓巷。总用地2.11公顷。

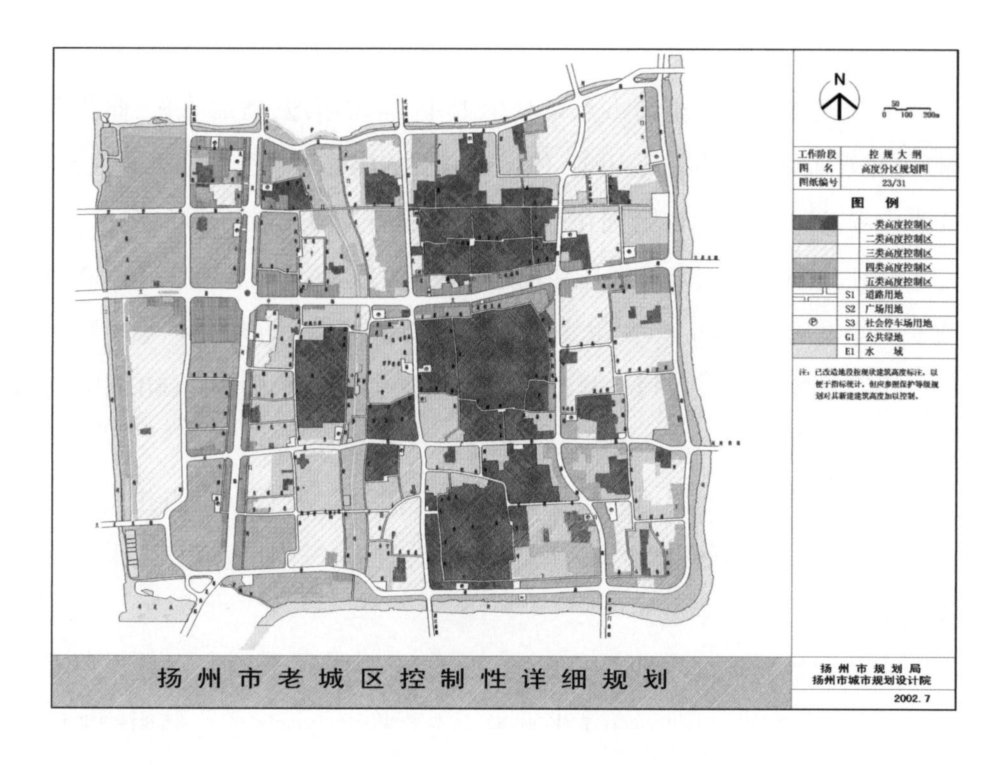
N
50
0 100 200m
工作阶段 控规大纲
图名 高度分区规划图
图纸编号 23/31
图例
一类高度控制区
二类高度控制区
三类高度控制区
四类高度控制区
五类高度控制区
S1 道路用地
S2 广场用地
S3 社会停车场用地
G1 公共绿地
E1 水域
注：已改造地段按现状建筑高度标注，以便于指标统计，但应参照保护等级规划对其新建建筑高度加以控制。
扬州市老城区控制性详细规划
扬州市规划局
扬州市城市规划设计院
2002.7

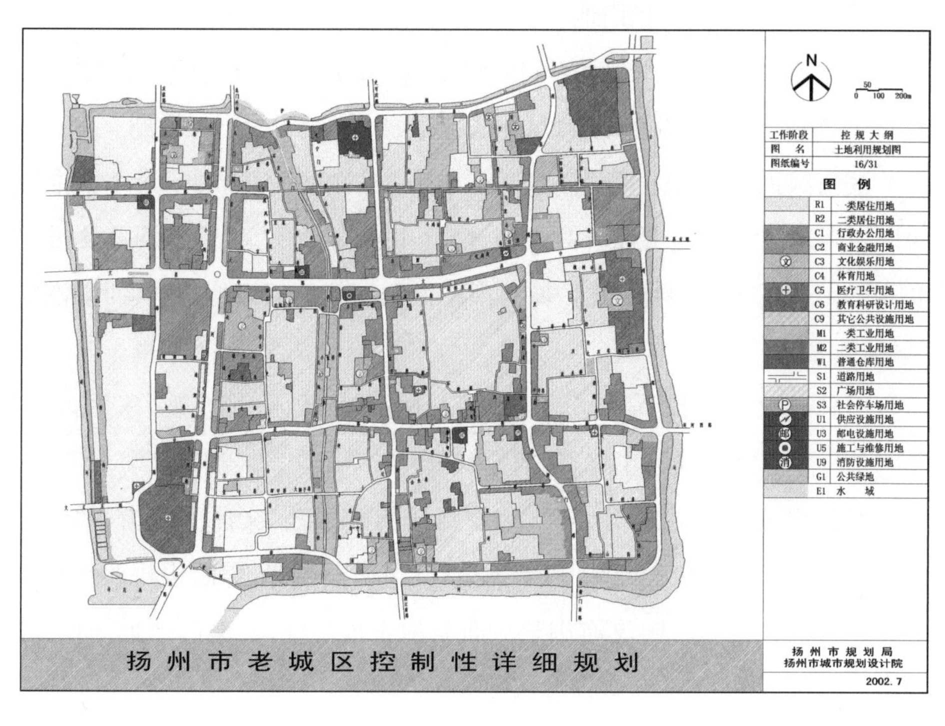
N
50
0 100 200m
工作阶段 控规大纲
图名 土地利用规划图
图纸编号 16/31
图例
R1 一类居住用地
R2 二类居住用地
C1 行政办公用地
C2 商业金融用地
C3 文化娱乐用地
C4 体育用地
C5 医疗卫生用地
C6 教育科研设计用地
C9 其它公共设施用地
M1 一类工业用地
M2 二类工业用地
W1 普通仓库用地
S1 道路用地
S2 广场用地
S3 社会停车场用地
U1 供应设施用地
U3 邮电设施用地
U5 施工与维修用地
U9 消防设施用地
G1 公共绿地
E1 水域
扬州市老城区控制性详细规划
扬州市规划局
扬州市城市规划设计院
2002.7

用地布局规划

整个规划用地调整的重点是减少工业、居住用地，增加绿化、商业金融、文化娱乐以及道路广场用地，使得老城区的居住环境得到较大的改善，并进一步发挥其区位优势，强化老城区旅游服务及商业活动的功能。

居住用地。老城区规划居住用地230.67公顷（比现状减少46.62公顷），占建设用地的46.56%，人均建设用地为34.95平方米。

公共设施用地。规划公共设施用地138.93公顷（增加32.80公顷），占建设用地的28.04%，人均建设用地21.05平方米。

工业用地。规划用地面积4.98公顷（减少13.70公顷），占建设用地的1.01%，人均建设用地0.75平方米。严格控制三类工业用地，采取逐步搬迁的手段加以调整。

仓储用地。规划用地面积0.08公顷（减少0.58公顷），占建设用地的0.01%，人均建设用地0.01平方米。主要将历史街区内仓储用地加以调整，其余基本维持现状用地。

绿化用地。规划用地面积45.81公顷（增加14.80公顷），占建设用地的9.25%，人均建设用地6.94平方米。

滨河绿地：沿古运河设置宽度不小于25米的滨河绿地；沿小秦淮河两岸应因地制宜适当增加公共绿化，恢复小桥流水意境；二道河两侧设宽度6—10米的滨河绿地；北护城河南岸保留现状滨河绿地，在其西端恢复“绿扬城郭”。

园林绿地：共计10处，分别为个园、逸圃、华氏园、琼花观、东岳庙、二分明月公园、贾氏庭园、小盘谷、何园、平园。

其他绿地：共计10处，分别为汶河路街心绿地、文昌中路街心绿地、崇德巷北段绿地、前安家巷中段绿地、渡江桥西北侧绿地、跃进桥西南侧绿地、保险公司东侧绿地（汶河小学对面）、槐古道院绿地、南门遗址绿地、何园南侧绿地（现状为723所办公用地）。

市政公用设施用地。规划用地面积 1.61 公顷(增加 0.14 公顷),占建设用地的 0.33%,人均建设用地 0.24 平方米。

道路规划

规划原则:一体化——解决交通与保护历史文化遗产,作为一个整体加以考虑。网络化——建立完善道路广场网络,充分利用现有街巷体系,适当提高线密度,避免一味采取“拓宽道路”的粗放模式。综合化——加强交通管理技术措施,并以相关配套政策,如限制私人汽车交通、公交优先等政策,对城市交通进行综合治理。阶段化——结合未来城市交通流量的调整变化,对于规划调整的道路及街巷,不求即时的实施,而是在新建建筑或结合用地的改造时加以控制。

规划内容:

道路规划内容:城市级道路骨架两纵(汶河路、渡江路—国庆路);两横(文昌中路、广陵路—甘泉路);一环(南通东西路—泰州路—淮海路—盐阜路)。汶河路道路红线 65 米(含街心绿化带宽度);文昌路道路红线 34 米;南通东西路、泰州路道路红线 22 米;渡江路、国庆路、广陵区、甘泉路,鉴于道路两侧尚具备一定的传统风貌,道路宽度原则上保持现状,局部地段不具备历史价值的建筑翻改建时按道路红线 22 米作相应的退让。徐凝门路(南通东路—广陵路),维持现有道路红线 22 米。皮市路调整原则的规划等级和宽度,从原规划的道路红线 22 米调整为 8—9 米混行车道,两侧建筑各退让 3—4 米作人行街道,具体在详细规划中确定。取消原规划中观巷路拓宽改造至 22 米的规划,观巷暂维持现有尺度。

街坊级道路骨架:理顺街坊道路,疏解街区内部交通。街坊主次干道的确定以保护传统风貌为前提,涉及文保单位和有价值的传统建筑时,应首先满足历史建筑保护的要求。在现有街巷基础上适当拓宽的街坊主次干道一般都是位于可改造用地内;在保护用地和整治用地内,街巷一般维持现有宽度和走向,个别不具备历史价值的建筑翻建时按街坊主次干道确定的红线宽度进行相应退让。

街坊主干道：主要解决街区自行车及少量机动车的交通，红线宽度（即建筑红线宽度）6—8米。

纵向设2条，从东向西依次为：牛奶坊—崇德巷—大流芳巷；观风巷—院东街，嵇家湾—迎春巷—史巷，粉妆巷。

横向设2条，从北向南依次为：大草巷—后安家巷；堂子巷—卸甲桥—达士巷，苏唱街—大树巷，元宝巷。

另外联系纵向街坊主干道与城市道路的有：皇宫、毓贤街、旧城七巷—萃园桥、羊胡巷、保安巷、万寿街、大东门—彩衣街、东关街。

街坊次干道：主要解决街区内部自行车和步行交通，红线4—6米。

广场规划

总用地2.29公顷，占建设用地的0.45%，人均建设用地0.35平方米。老城区内规划的城市广场共计15处。如文昌广场、南门遗址广场、双瓮城遗址广场、湖南会馆广场等。

停车场规划

总用地3.65公顷，占建设用地的0.74%，人均建设用地0.55平方米；增加文昌阁周边商业、金融中心地段的周边停车场，恢复被改变用途的原有地下停车库，从而改善目前停车场缺乏的局面。结合老城区用地紧张的实际情况，鼓励设地下停车库，但必须严格保证其正常使用。

3.街坊控规

1号街坊规划范围：东至汶河北路，南至文昌中路，西至二道河，北至北护城河，街坊面积46.67公顷。街坊主要性质：文昌阁城市商业中心区的重要组成部分，以商业、服务、娱乐、旅游、休闲功能为主，保留一定的居住功能；严格控制文保单位西方寺、憩园周边用地，对周边的建筑进行风格和高度的控制。保护与更新模式方面：保护用地主要集中在宋大城遗址、西方寺、憩园、古木兰院（石塔）和文昌阁、四望亭，面积为0.98公顷，占总用地的3.0%。

2号街坊(东北)规划范围：北至盐阜路，西至小秦淮河，南到彩衣街，东至国庆路，街坊面积11.41公顷(按道路及河道中心线计)，规划净用地面积9.60公顷。街坊主要性质：以居住、文化教育及医疗卫生为主要职能，具有传统风貌特色的街区。保护用地主要在妇幼保健院以南，彩衣街北，国庆路西(杨总门两侧)，弥陀巷以东范围，面积为1.45公顷，占规划净用地的15.4%，为大纲中确定的弥陀巷建筑群保护范围。本地段有文保单位2处，分别为朱草诗林和彩衣街砖刻门楼，均已纳入保护用地范围。本地段有价值的历史建筑21处，全部纳入保护或整治用地范围。

1号街坊内的宋代四望亭(邱正锋摄)

2号街坊(西北、南)规划范围：东至国庆路、小秦淮河一线，南至文昌中路，西至汶河北路，北至盐阜路、彩衣街一线，街坊面积32.47公顷。街坊主要性质：文昌阁城市商业中心区的重要组成部分，以商业、居住功能为主，具有一定的旅游服务功能。保护用地主要集中在正谊巷、珍园、董子祠等传统风貌较好的地段，面积为1.96公顷，占总用地的7.44%，其中传统建筑群(城市紫线)的范围为正谊巷两侧、石灰巷西侧，面积为1.26公顷；整治用地主要集中在九、十巷和正谊巷沿线及石灰巷西侧，面积为

2 号街坊内文昌商圈(丁春晴摄)

6.13 公顷,占总用地的 23.25%。

3 号街坊(北)规划范围:东至定慧巷及二郎庙南巷一线,西至国庆路,北至盐阜路,南至东关街,街坊面积 27.72 公顷(按道路及河道中心线计),规划净用地面积 25.78 公顷。街坊主要性质:以居住、旅游为主要职能,具有一定传统风貌的街区。保护用地主要为东关街以北个园、逸圃,曹起溍故居周边一片及准提寺和武当行宫,面积为 6.42 公顷,占规划净用地的 24.90%。

3 号街坊(南)规划范围:北至东关街,南至文昌中路,东至观巷,西至国庆路,街坊面积 22.16 公顷。街坊主要性质:以居住、旅游为主要功能,具有一定传统风貌的街区。规划范围内保护用地主要有三片:一是为诸氏盐商住宅及其东侧有价值的传统建筑较为集中的地块;二是东圈门历史街区内壶园、刘文淇故居、汪氏小苑及丁氏盐商、马氏盐商住宅;三是东关街整治后的沿街街面。用地面积 4.06 公顷,占街坊总用地的 18.32%。

3 号街坊内逸圃改造后新貌(周峙摄)

4 号街坊内二郎庙南巷(吴琦摄)

4 号街坊规划范围:北至盐阜路,南至文昌中路,东至泰州路,西至观巷、二郎庙南巷、定慧巷一线,街坊面积 24.21 公顷。街坊主要性质:以居住、文化教育、商业及旅游服务为主要功能,具有一定传统内涵的街区。保护用地主要集中在东关街北侧冬荣园周边地块,用地面积 2.11 公顷,占街坊总用地的 8.7%。

5 号街坊规划范围:东至汶河南路、南至文汇东路、甘泉

6 号街坊内小秦淮河新貌(周泽华摄)

路一线,西至二道河,北至文昌中路,街坊面积46.32公顷。街坊主要性质:文昌阁城市商业中心区的重要组成部分,以商业、居住为主要功能。

6 号街坊规划范围:北至文昌中路,南至甘泉路,东至国庆路,西至汶河南路,街坊面积41.81公顷。街坊主要性质:以居住、文化娱乐、民俗风情游览为主要功能,具有传统风貌特色的街区。本街坊内涉及到老城区控规大纲明确的小秦淮河保护轴及仁丰里历史文化保护区、教场民俗风情游览区,规划强化小秦淮河“小桥流水人家”的意境,形成该段的小秦淮水上旅游线路;整治仁丰里历史文化保护区,强化其反映唐代里坊制特点的“鱼骨状”街巷体系特征;对教场地段进行整治和改造,形成教场民俗风情游览区,并与文昌广场之间整理出旅游通道。

7 号街坊规划范围:北至文昌中路,南至广陵路,东至皮市街,西至国庆路,街坊面积39.49公顷。街坊主要性质:以居住、旅游和商业服务为主要功能,具有完整传统风貌的街区。本街坊涉及老城区控规大纲明确的湾子街历史文化保护区，规划进一步明确历史街区的保护范围，合理确定街区内部保护与更新模式，整合街坊内部的历史文化资源，强化传统街巷体系特征。

8号街坊规划范围：东至泰州路，西至皮市街，北至文昌中路，南至广陵路，街坊面积36.44公顷。街坊主要性质：以居住、商业服务为主要功能，具有一定旅游功能的街区。本街坊内传统建筑群（城市紫线）的范围为北至花井南巷，南至广陵路，西至螺丝结顶、北矢巷沿线，东至崇德西巷，面积为2.29公顷。规划范围内保护用地主要集中在吴道台宅第、紫竹观音庵、朱自清故居、耿鉴庭故居；北矢巷、螺丝结顶街巷传统风貌区，面积7.60公顷，占总用地的22.90%。

9号街坊街坊范围：北至甘泉路，南至响水河，西至淮海路、二道河，东至汶河南路，规划街坊面积16.27公顷（按道路及河道中心线计），规划净用地面积13.45公顷。规划街坊主要性质：以医疗卫生、教育科研为主，

8号街坊内吴道台宅第（周泽华摄）

兼有一定的居住及商业职能。

10 号街坊规划范围：东至渡江路，南至古运河，西至汶河南路，北至甘泉路，街坊面积 55.22 公顷。街坊主要性质：以居住、商业服务为主要职能，具有一定旅游功能的传统风貌街区。保护用地主要集中在刘氏庭院、匏庐、愿生寺、汪鲁门盐商住宅等地段，面积为 7.18 公顷，占总用地的 17.3%。

11 号街坊规划范围：北至广陵路，南至古运河，东至徐凝门路，西至渡江路，街坊面积 44.93 公顷。街坊主要性质：以旅游、居住为主要职能，具有完整传统风貌的街区。本街坊南河下历史文化街区（城市紫线）的范围为北至广陵路，南至南河下中段，东至徐凝门路，西至傅家甸、渡江路一线，面积 23.03 公顷。

10 号街坊内愿生寺整修后新貌（洪晓程摄）

12 号街坊内卢氏盐商古宅新貌（茅永宽摄）

12 号街坊规划范围：东至古运河，西至徐凝门路，北至广陵路，南至古运河，街坊面积 34.40 公顷。街坊主要性质：以居住、商业和文化娱乐为主要职能，具有一定传统风貌的街区。本街坊内传统建筑群（城市紫线）的范围为牛背井，面积为 0.81 公顷。保护用地主要集中在史公祠一线及卢氏盐商住宅一线，面积为 1.54 公顷，占总用地的 7.06%。

## 第二节　历史遗址发掘与保护

谈到扬州的历史遗址发掘与保护，中央文史研究馆馆员、中国社会科学院考古研究所研究员安家瑶兴奋之情溢于言表，他认为，扬州在保留自己的文化特性方面，为全国城市树立了榜样。扬州城考古推动了中国城市考古学的发展，堪称城市考古的一个成功范例。

安家瑶说，在扬州开展城市考古之前，中国的城市考古多集中在历代都城遗址。扬州城遗址的考古，在中国城市考古工作中具有非常重要的地位。一方面扬州历史悠久，得天独厚，建城 2500 年，连绵不断；另一方面，扬州城市考古起步早。20 世纪 60 年代中期扬州城就经过初步调查，70 年代中期开始配合基建进行考古发掘，有不少重要的考古发现。近 30 年来，扬州城遗址的考古和研究工作不断推向深入，取得重要科研成果。

### 1.隋江都宫城西北角楼遗址

隋江都宫城西北角楼遗址位于扬州蜀冈–瘦西湖风景名胜区管委会

隋江都宫城西北角楼遗址

隋江都宫城西北角楼遗址包砖基础

堡城社区(村)西河湾组西北高地,遗址高出地面约7米,城基堆积宽度65米。1986年,由中国社科院考古研究所、南京博物院和扬州市文化局三方合作成立的江苏省扬州唐城考古队首次对扬州城西北角楼遗址进行了发掘,发掘面积超过300平方米,发掘出了汉至宋代的城墙,解决了几期筑城年代等相关问题,特别发掘出了隋代江都宫城西北角楼遗址的内侧拐角包砖墙,保存较好,做法独特。

此段城墙解剖显示最下层的夯土墙为汉代夯土,黄色,土质纯净,夯土坚硬,夯层清楚整齐,每层厚7—9厘米,夯窝直径6—7厘米,其上为六朝时期修补的夯土,夯土结构与汉代相同。再上即为隋唐修葺的夯土墙体,土质较杂,夯土墙外包砌城砖,包砌的城砖厚达1米。城砖是特制的,青灰色,砖长35厘米,宽17厘米,厚8厘米。一侧面倒棱呈斜面,砌墙时斜面朝外,由底向上自然形成收分。这种做法与宋以后流行的露龈造的砌法不一样。城砖墙保存2米高。墙基部位,用砖铺砌散水,散水面宽36厘米,外边用立砖砌成双线道。墙基下有六层基础砖,坐落在汉代夯土墙上。内拐角呈直角状。城角外侧墙体已被破坏,从残存现状推算,城角墙体厚达12米。从隋唐倒塌下的砖瓦堆积层中,发现大量的板瓦、筒瓦、莲花瓦当及铺地方砖。其中有一种特制的红色筒瓦,质地细腻,外表磨光。还发现少量六朝绳纹砖,以及汉代板瓦和云纹瓦当。在堆积层中出土极少汉代五铢和隋代五铢钱币。在汉唐城墙之上,为五代至宋代修补城墙时遗留下的夯土堆积,这种夯土内夹杂很多砖瓦碎块。宋代夯土层之上,即为现代地面。

发掘的隋代江都宫城包砖城墙是城的内侧包砖拐角墙,拐角为90度直角。外侧因条件限制未发掘。但从保存情况看,外侧砖墙坡度较陡。包砖墙的砌法和结构:首先在墙下挖基槽,槽宽1.15米,深0.4米,槽内共填砌6层砖,最底下一层为平铺顺砖,其上再平铺丁砖,交替填砌,至基槽口的外侧,用两块侧立斗砖砌出双线道,与基槽口平齐,然后在基础砖上垒砌城墙,砖面以槽口(即砌出的双线道)向内缩进35厘米砌建墙砖,城墙包砖壁厚 0.8 米。使用的城砖有两种规格，一种是用在外表的城面砖，这种砖是特别烧造的，砖长 35 厘米，宽 17 厘米，厚 7 厘米。砖土细腻，火候高，质硬，砖的一侧面（砖长面或宽面）在制坯时，都去掉一个直角棱，使砖皆为呈倾角的斜面砖。另一种砖均砌在城面砖内侧，砖的尺寸有长 36 厘米、宽 18 厘米、厚 8 厘米的，也有长 35 厘米、宽 16 厘米、厚 5.5 厘米，或宽 14.5 厘米、厚 4.5 厘米的等等。前者数量较多，为素面青灰砖，较小的城砖多为绳纹砖。城砖的砌法：在城面皆用特制的斜面砖砌筑，砖斜面朝外，采用四顺砖加一丁砖平铺错缝砌，墙面厚 35 厘米。特制的斜面砖垒砌的城墙，自上而下自然形成收分，每砌高 1 米，墙面内收 0.16 米，用黄泥砌墙，每层都用细腻泥浆灌注，城墙壁面非常光平，似磨砖对缝砌法。墙面砖内侧均用长方形砖垒砌，采用平铺错缝顺砌，加少量丁砖。用黄泥垒墙，技法粗糙，外表的墙面砖与内侧的城砖，不相互交叉衔接呈两种皮状，故墙面砖容易外鼓残毁脱落。在城基外侧用黄黏土夹碎砖瓦砾，夯打一侧厚 0.2 米、宽 3.6 米的散水路面。

隋时江都有江都宫城和东城，宫城分布于蜀冈城址西半至东城以西，宫城之东即东城。《隋书》中关于江都宫的记载较少，除了炀帝下江都之外，还有“俄而敕（张）衡督役江都宫”“（徐）仲宗迁南郡丞，（赵）元楷超拜江都郡丞，兼领江都宫使”等记载。此处发掘的就是江都宫城西北角楼遗址，斜面砖城墙较为特殊，目前在全国考古中仅见两例，陕西隋仁寿宫遗址及河南洛阳城遗址部分使用斜面砖砌墙，可见扬州江都宫城是按照京城的规制营建的。

2.扬州唐—清代南门遗址

南门遗址位于扬州市南门街南首，是唐代罗城南城墙上三座南门中居中的一座南门，它是 1984 年 8 月在南通西路基建工地施工过程中被发现的。

经过 2004、2007 年的发掘，发掘总面积约 2500 平方米，揭露出了包含

扬州唐—清代南门遗址

唐、北宋、南宋、明、清等多个时期修筑或修缮陆门遗存和与水门、水关遗址相关的遗迹现象，基本弄清楚了南门遗址的总体布局、沿革和变化等问题。

南门始建于唐代，并有两期建筑过程。南门段主城墙主体部分为南通西路所叠压，从局部清理出主城墙的外侧包砖。在南城墙主门道处围以瓮城。早期南门瓮城内平面近方形，南北进深 11.9 米，东西面阔 13.2 米。瓮城墙的拐角略呈弧形，瓮城的门道开设在南墙的偏东一侧。唐晚期南门瓮城平面形状类似“凹”字扁方形，东西面阔 33—33.6 米，南北进深 12.75—13.9 米。瓮城南墙东南、西南拐角对称地向外侧凸出。南门主门道及瓮城门道因被后期门道遗迹及南通西路所叠压而未发掘，形制和结构无法究明。

五代和北宋初期瓮城形状与唐代晚期瓮城“凹”字形状基本相同，但修缮和改建了主门道两侧凸出主城墙的部分，将瓮城门道以东的瓮城南缘包砖墙北移，并抬高瓮城外地面。北宋时期瓮城门道开在南墙偏东一侧，门道两侧为砖墙，中部发现东、西两面各置门砧石，中心当距 4.1 米。在主门道和瓮城门道之间使用砖铺露道，从主门道南侧斜向东南拐弯，道路宽窄不一，主城门向南拐弯处道路宽度为 6.3 米，至瓮城门道北侧宽度缩为 4.3 米，露道宽窄反映出主门道与瓮城门道之间的宽度不一致。

南宋至明代的南门改建了主城门，修缮并加厚了主城墙和瓮城墙。此期瓮城变化不大，只是在北宋瓮城基础上继续加高地面，瓮城内南北进深有所减小，瓮城门道亦随着瓮城南墙的加宽而加长。还新修了露道及瓮城内铺砖地面，从瓮城门逐渐向西隆起并通向汶河之上洒金桥的部分。本期瓮城内的露道呈曲尺形，从主门道向南或延伸至瓮城南墙北边，大致在瓮城内南北方向中部位置直角东折，再在正对瓮城门道一线直角南折穿过瓮城门道。出主城门处宽约 3.6 米，瓮城门道内宽约 3.1 米。

清代对南门再次修筑。现仅残存主门道处道路、门槛石和门砧石等。主门道处的清代道路，叠压在南宋的道路之上，门道以外向南延伸的部分大多被破坏。其道路东北—西南走向，残长约 7 米，残宽约 4.5 米，东部残存较深车辙痕迹，中间铺有两列条石。门道的路面中间有东西向的一道门槛，门槛距门道南端 0.33 米，已暴露部分东西长 0.93 米，宽 0.1 米，门槛东端北侧残存门砧石。石上有深 1 厘米的 2 个圆孔，或为安装门轴所用。

扬州罗城南门遗址的发掘，明确了晚唐至明清时期的扬州城南界在今南通西路一线（小秦淮以东在南河下街北侧附近），晚唐以后的主城门、瓮城门皆有逐渐缩小、变窄的趋势，这与扬州城市性质的转变相关联，唐代城池的修筑也奠定了唐以后扬州城的基础。古城南门位置千余年基本未发生变动，与其所处官河、古运河等河道的交汇密切相关。历史上的南门位置是一个水陆交通枢纽，南门遗址包括主城门、瓮城等门遗址，其西侧为横跨官河东西两岸的水门和水关遗址，唐诗“入郭登桥出郭船”是对此处水陆门最为形象的描述。

盛唐时期扬州发展成为国际性的大都市，城市区域连蜀冈上下以为城，到中唐建中四年（783），“淮南节度使陈少游将兵讨李希烈，屯盱眙，闻朱泚作乱，归广陵，修堑垒，缮甲兵”。发掘出的唐代一期南门遗址与陈少游所筑城池相近，进而可知扬州城南门外就开始修筑瓮城。唐代第二期修筑南门的是淮南节度副大使高骈，《旧唐书·高骈传》云，乾符六年（879），“骈至淮南，缮完城垒”。

唐末扬州城，“自毕世铎、孙儒之乱，荡为丘墟，杨行密复葺之，稍成壮藩”。五代末期，后周显德五年（958）韩令坤又于罗城东南隅修建新城，世称“周小城”。北宋建隆年间（960—963），李重进“修葺旧城南半小城”。五代修城用砖较大，与扬州邗江蔡庄五代大墓发现的墓砖规格相同。该墓据考为浔阳公主墓。由此观之，南门遗址所见五代至北宋初期的修缮与此相关。

北宋末年（1126），南渡时下诏扬州知州吕熙浩缮修，建炎元年（1127），宋高宗将来巡幸驻跸扬州，吕熙浩奉旨修治扬州城池。考古发掘表明，南宋对城门及瓮城有较大规模的扩建和改建，修城的质量也是较之前有较大的提高，但瓮城的平面形状及布局没有改变。

扬州古南门遗址有着厚重而深邃的历史底蕴，在城池的历代修建和多变的形制格局中有着集中的体现，南门从中唐一直延续至明清、民国，历经千余年，对扬州古城历史变迁的研究，对中国古代建筑史的研究，对城址考古的研究，提供了不可多得的实例，具有重要的学术价值。

当初，考古部门在基建工程中发现了南门遗址。面对如此重要的历代城池遗址，是就地保护，还是继续基建工程，出现了截然不同的两种主张，有关部门陷入进退两难的境地。事关重大，不可造次。次年，扬州方面特地邀请国家文物局专家前来开会协商此事。在那次研讨会上，著名文物专家罗哲文等人竭力主张就地保护南门遗址，并最终说服了相关部门放弃两幢楼房的开发建设，使南门遗址得以完好保护。在发掘保护的基础上，就地建设了南门遗址博物馆，为以后的扬州城门遗址保护确立了范本。

杨庄唐代罗城西门遗址

3.扬州杨庄唐代罗城西门遗址

杨庄唐代罗城西门遗址位于蜀冈观音山南侧,处于唐代子城和罗城交接处以南200米。1988年江苏省扬州唐城考古队对杨庄一带进行考古勘探,确认存在唐代罗城西墙一座城门。2008年3—12月,为配合万花园二期工程建设,扬州市文物考古研究所对该区域进行考古勘探和试掘,确定此处为唐代罗城西城门,基本弄清了西门基本结构和历史概况。

杨庄西门遗址共分为三期,一期为唐代中期,也就是西门兴建时代;二为唐代晚期,对城门进行局部整修;三为五代时期,由于战争毁坏,在这一时期对城门处进行了较大规模的整修,将城墙二面加宽,在原马道旁边重新建筑,但是在基本结构上还沿用唐代。同时在规模上更大,基础(包砖槽)更宽,用砖更多,包砖墙也更结实,说明投入了大量的物力财力人力。

唐代罗城西门遗址分为两期,早期城墙城门建筑在唐代文化层之上,城墙下挖基槽，基槽内用黄土填满夯实，作为城墙基础，其上夯筑宽 10.8 米的城墙。城门门道宽 5 米左右，长 10.8 米门道南北两侧用砖砌门洞壁；早期城门修筑简单，只起到进出城池的通道作用，门道内有坚硬的路土，门道的门槛和门砧石均遭破坏。晚期叠压在早期城门之上，晚期城门是在早期基础之上重建的，城墙加宽至 12 米，门道宽 5 米左右，晚期与早期城门、城墙在形制、位置上没有变动。门道两侧城墙夯土保存高度在 1.5 米左右。马道位于城门内侧的南北两边，马道宽均 2.7 米，北马道水平长度约 20 余米，南马道破坏较严重，具体情况不明。

五代城门城墙在唐代晚期的基础上修筑的，主城墙加宽 18 米，在门道内侧加砌门洞壁，使门道宽缩至 4 米左右，内侧包砖基础保存较完整，有的地方残留包砖高 0.5 米，南北马道宽均 3 米，长约 35 米。

在城门处门道中央晚期破坏极为严重，被一个北宋时期的坑打破，一直破坏到生土层，从发掘的情况来看，虽然大量用砖，但是没发现堑顶迹象，在废弃后的地层中发现残损的唐代柱础石，但是门道西北侧有类似柱洞的东西发现，在门道处的地层中还有大量的碳粒与烧过的红烧土粒。说明这一时期城门可能还是采用传统的方式，券顶式尚未在扬州城遗址中运用。

本次的发掘，为扬州唐城遗址研究提供了又一重要资料，而且此处西门遗址和已经发掘的南门和东门遗址情况不同，时代上来看上限到唐代中期，下限至五代，这是历史跨越相对较单一的一处城门遗址，对唐城的考古研究提供了重要的实物资料。

杨庄唐罗城西门遗址处于瘦西湖公园内，部分城墙段采用了掩埋保护的方法，对城门部门则用橱窗罩起来进行保护。这样，既达到了保护的目的，又可以让游客参观古遗址，领略扬州古城的风采。

**4.扬州唐宋城东门遗址**

扬州唐宋城东门遗址位于扬州市东关街东首、古运河西岸。上世纪 90 年代，江苏扬州唐城考古队对古家巷一带进行了考古勘探，确认有古城墙夯土墙基础。2000年春,宋城名都房地产公司在建设过程中发现了城门遗址,施工立即停止。考古人员初步清理出瓮城墙、露道及铺地砖面等遗迹。2004、2005年,继续对其进行发掘清理,在主城墙和主城门处揭露出了唐、五代、北宋、南宋的城墙包砖、主城门、露道等,在主城门以东清理出了形成于南宋初期的瓮城、便门、露道、城壕等遗迹现象,在南宋瓮城东墙之下还解剖发现了北宋的出城露道。

唐代主城墙被叠压在五代和两宋时期的门址之下,城墙外侧有厚约0.9米的包砖。包砖砌法:一种是平砖为一排顺砖,内填两排丁砖,与平砖错缝;另一种是平砖为一排丁砖,内填一排丁砖和一排顺砖。砌法皆隔层错缝使用。

五代时期的城墙较之唐代向东移了约2米,城墙包砖延伸到了宋代城墙包砖之下,采用平砖错缝顺砌。

北宋城墙外侧包砖在五代城墙外包砖的基础上向内收缩了约1.2米,采用一顺一丁和半砖丁砌的方法。

北宋时期的主门道仅揭露出来了东部,东西长6.45米,外口宽5.07米,门砧石内宽6.07米。门道两侧为砖砌边壁,砌砖叠压在五代时期的砌砖之上。砌砖采用二顺一丁和全为丁砖的砌法。主门道内的2块方形门砧石南北对应,上有边长28厘米的方孔。北宋主城门内露道被叠压在南宋时期的门道之下,保存较差。

在南宋时期瓮城东墙夯土之下,发现有保存较好的北宋时期露道。该段露道呈东西向,南北宽约5.8米,东西长约5.9米,路面砖和路心石破损严重,残存有多条车辙印痕。该段路面铺砖之下,垫有厚约7厘米的黄黏土层,与主门道内北宋露道的做法相同。

南宋时期对东门进行了改建和扩建,除了加厚主城墙包砖将主门道内缩变窄之外,还在主城门外加筑瓮城并疏浚加固城壕,在东台地上增设军事防御设施等,形成了一个以瓮城为中心,由东台地、城壕、瓮城台地、瓮

扬州唐宋城东门主城门遗迹

城和主城墙构成的多重防御体系。

南宋时期主城墙在北宋城墙的基础上向东加宽了约 80 厘米。包砖采用“露齿龈”做法，底层砌砖为立砖横铺，以上均采用二顺一丁，错缝平铺，砌砖之间用加糯米汁的石灰膏黏合剂黏合。

南宋主城门门道也在北宋城门的基础上向内收缩，形成了宽 4.1 米的南宋时期主城门。揭露出来的南宋主城门东部东西约 7.2 米，门道两侧边壁为砖砌直立壁面，与城墙外侧包砖不同。

南宋瓮城位于主城门东侧，南墙上辟有一便门。瓮城内略呈梯形，南北进深 28.3 米，东部东西面阔 31.5 米，西部东西面阔 33.75 米。瓮城城墙均由夯土夯筑而成，仅基础部分保存较好。城墙均内外两面包砖，包砖大多无存，但基槽清晰。

瓮城内地面铺砖为平砖错缝顺铺，铺砖之间不见有黏合剂。瓮城内地面东北部最高，东北角与排水沟的最大高差达 60 厘米，当是为了便于瓮城内积水经由南便门边的排水沟流出城外。

南便门位于瓮城南墙上,门道两侧边壁已不存在,仅残留有门道内少量铺砖和门道外口西侧角石。

瓮城外为一东西 23 米、南北约 60 米的平台,平台高于东侧的城壕约 5.4 米,形成一个临城壕的台地。台地上有出城露道、便道等,台地地面分为铺砖地面和素土地面。

南宋露道西起主城门,出主城门后约直向东行至与南便门正对时折而南向,穿过南便门;出南便门后即折而向东,沿瓮城南墙东行;向东过瓮城东南角后北折,沿瓮城东墙向北至与主城门东西对应的位置时又折而向东,并一直延伸到了瓮城台地的东边缘。南宋瓮城南墙外露道被破坏。南宋露道路心为一纵排对齐横铺的立砖,以此为路面的中心,路心两侧为对称的立砖错缝横铺路面,再外侧为和路心做法相同的 2 幅路面。路面略成拱形,表面平整,线道笔直。在瓮城内和瓮城东侧露道转折处的内角,都有用平砖铺砌的辅道;在瓮城东侧,辅道外侧更有用夹杂石灰石颗粒的粗沙粒填垫的便道。2 处辅道的平面形状均呈三角形,大小相仿,东西向直边长约 6.8 米,南北向直边长约 7.1 米,斜边长约 9.8 米。辅道由平砖错缝平铺而成,在辅道的外侧设有挡边砖。

在瓮城东侧的北部,还有一条和东西向道路相连的南北向道路,向北延伸残存 24.4 米。推测可能是稍晚时期为了方便瓮城东侧北部的通行而修建。

瓮城台地东侧的城壕,只发掘清理了瓮城中轴线附近的部分。清理出来的城壕部分,平面呈亚腰形,在和主城门东西大致对应的部位,城壕收缩至最窄,形成南北长 5.3 米、东西宽约 4 米的狭窄空间。城壕中堆积大量淤泥,推测原为水濠。在瓮城台地和城壕东侧的东台地的外边,都设有防止水流冲刷的砌砖护岸,护岸的砌砖分为中间的直立壁面和南北两侧的斜坡壁面。直立壁面平面为“ ][ ”形,位于瓮城中线附近,西侧保存最长为 7.23 米,东侧保存最长为 7.07 米。砌砖严整,拐角处用砖为专门加工而成的异形砖。在砌砖之下，发现有 3 层砌石基础。护岸的斜坡壁面部分呈平直的弧状，采用单砖错缝顺铺，砌砖收分约 5 厘米。从发掘情况推测，城壕南北两端应与东侧的运河连通，城壕内的水应该是从北向南流动，城壕和大运河环绕着东台地。城壕之上，应该设有濠桥之类设施以连通瓮城台地与东台地。

东台地是位于瓮城东侧的一个高于城壕的台地，台地顶面的高度与西侧的瓮城外地面高度基本相当。台地顶面为用夹杂有碎石子的粗砂粒处理的面；在东台地的西北边，台地表面经过简单的夯筑处理，沿城壕边部分再用垒砖护岸，目前揭露出来的台地西北部护岸长约35米。推测东台地西、南、北面为城壕，东临大运河，台地被城壕和运河环绕，成为水中环岛。

根据发掘结果并结合文献来看，瓮城在元代末年被彻底毁弃，即元代基本沿用了南宋时期瓮城，但封闭了城壕两端的水口并在城壕内修建有小型建筑。

多年来，扬州已先后发掘或正在发掘宋大城四座主要城门。四座城门始建年代不一，形制也各有千秋，但都巧妙地利用地势的差异，完善了城防体系。唐宋城东门遗址的发现，对于研究扬州城的历史沿革具有重要的意义。目前揭露出的遗迹现象表明，东门是四座城门中结构最复杂、保存最完整的一座，这对于研究扬州城市建设和城市布局演变有着重要的意义，也印证了《嘉靖惟扬志·宋大城图》中关于东门的有关记载。

扬州城东门遗址同样得到了完好保护，在原址上建设了东门遗址广场。市民和游客徜徉其间，得以观千年城门遗迹，发思古追远之幽情。

**5.扬州宋大城西门遗址**

扬州宋大城西门遗址位于今四望亭路（原西门街西首）上，头道沟（宋大城西护濠）东岸。1995 年 11 月，扬州旧城改造中，宋大城西门遗址重见天日。自此至 1996 年 4 月，考古人员对宋大城西门遗址进行考古发掘，发掘面积 3000 多平方米。通过发掘，湮埋于 1—2.5 米深的西门遗址，经历

宋大城西门遗址全景（东—西）

了五代、北宋、南宋、元、明及清六个朝代近千年的历史，各个时代的城墙、城门、砖铺路面和地层关系十分清晰，尤其是两宋时期的路面，整齐叠压，每层中出土有各个时代陶瓷器、铜钱及建筑材料等，为考古断代提供了实物依据。

北宋早期修建的西门为一门一道，它是在五代后周始筑的西门基础上营建的，因此五代西门与北宋西门的形制相同。城门宽 5.7 米，门道长 15 米，墙壁残高 1.2 米，外侧包砖壁厚 1 米。经仔细观察，厚 1 米的门洞包砖壁中，未见任何木柱痕，据此推测城门应是砖筑券顶式圆形门洞，这是我国发现最早的券顶式结构城门。

门道地面全部用砖及条石铺成，道路中央顺行铺灰白色条石，宽皆为 50 厘米。条石两侧用长方形砖侧立横行错缝铺砌，路的两侧用立砖顺行铺砌出双线道。靠近西端门道口有石门坎，门坎高出路面 5 厘米，厚 10 厘米，它是用长约 50 厘米、宽 25 厘米的条石侧立着半截埋砌在路面下。

出城门有一条砖铺露道，自城门口向西北斜行，方向289度。露道砌法讲究，路面均用特制的楔形砖，砖的断面呈梯形。路面中央顺行平铺条石，条石长短不一，中心条石两侧，用长条楔形砖，横行错缝铺砌成拱形路面，靠近路面两侧边，用长方形条砖砌出双线道，线道外又横铺一条砖，为露道外缘边线，最后于露道两侧边，用长方形砖砌出排水明沟，沟底宽15厘米。两侧的排水明沟外，用长方形砖平铺错缝砌成1.4米宽的便道。出城的这条露道由北宋初期筑成，一直使用到北宋晚期，经160余年的人踩车轧，砖石已碎裂，局部还经过修补，尤其路中心被车轮碾轧出二条凹槽状轨道痕，轨道宽约1.3米。

北宋末期，扬州宋金争战不断，作为交通要道的扬州城，不得不加强战备，加固城池，改变了北宋初期的城门形制，主要是在城门外扩建了瓮城。增筑的瓮城是利用城门外南北两侧的马面，向西接筑瓮城。原北宋西门外未建瓮城，而在城门两侧有马面设置，南北相距32.8米，马面凸出城墙墙体约10米。瓮城城墙就是顺凸出的马面，向西接筑瓮城二侧城墙，北侧接筑12.4米长，南侧接筑13.5米长，西墙长约50米，城墙厚7—10米。而马面宽15.6米，大于城墙厚度，接筑的城墙是以瓮城内壁取直，因此形成瓮城内为长方形，瓮城外廓呈“凸”字形，这种外廓形制更有利于防守。围筑好的瓮城南北长50米，东西宽23米，瓮城内面积南北长35米，东西宽12.8米。

瓮城城墙做法与主体城墙相同，即城墙体用土夯筑，外表包砌约1米厚的城砖壁，用黄泥砌墙，砖缝宽约2厘米，采用二顺二丁平铺错缝砌法。砌好的城墙壁面自下而上有明显的收分。夯筑的墙体用土很杂，夯打的也不坚硬，城心部位填有大量黄砂土，表明修筑城墙时，时间紧迫，工程质量不高，这与当时军事形式吃紧和加快工程速度有关。作局部城墙解剖时，在墙基下及排水沟处，出土一批形制相同的繁昌窑青白瓷碗，在碗底有墨书“西门”二字，似为守城官兵所用。

瓮城门道位于瓮城西墙偏南位置，与西门主门道不相对。门道长 10 米，宽 5.7 米。门道中腰部位紧贴南壁下，置放一块门砧石（对称北侧的门砧石无存），门砧石长 103 厘米，宽 61 厘米，厚约 60 厘米，门砧中腰凿有门坎地栿槽，宽 16 厘米，深 9.6 厘米，地栿槽内侧凿挖一长 21 厘米、宽 19 厘米、深 9 厘米的方形门轴窝。出土时门坎地栿槽内还遗留一截石门坎，残长 55 厘米、宽 15.5 厘米、厚 23 厘米。门坎石端头凿一长方形卯眼，长 21 厘米，宽 4 厘米，深 4 厘米，应是安装门框榫头的卯眼。门道内用砖铺砌地面，其做法与主门道相同。瓮城门至主城门之间有砖铺露道相连，露道做法可能与北宋初期修筑的露道相同。

南宋城门是在北宋门址基础上修筑而成，主城门位置不变，只是在北宋城门洞内壁南北各加厚 1 米，把南宋城门洞的宽度缩小到 3.7 米，在主城墙的内侧加厚了 1.35 米，使南宋主城墙厚度达到 16.35 米。南宋时期的城墙砖开始使用白灰膏作为黏合剂，使城墙的牢固性比以前更为坚固。门洞内及瓮城道路皆用长方形砖立铺，铺墁成拱形路面，路面宽 3.3 米，路边两侧砌成一面坡式的水沟。南宋瓮城的形制与北宋晚期基本相同，瓮城南北长 18.35 米，东西宽 11.9 米，只是比北宋晚期瓮城的空间稍小。瓮城内的道路斜向西南后，再折向正西，是在北宋路面的基础上垫高修筑而成，其宽基本与北宋相等，但长度加长，因南宋的瓮城西墙东西两侧各加宽 1 米和 9 米，使得南宋瓮城西墙增加到 21.3 米。南宋瓮城内除铺砖道路外，其余地面均用城墙砖平铺地面。

南宋城门上叠压着明清城门，明清城门及城墙于上世纪 50 年代才拆除，所以说这段东西向街道至今叫西门街，是扬州主要的东西大街，也是唐代之后历代沿用的东西主干大街，扬州的街区布局是唐代奠定的基础。

通过宋大城西门遗址的考古发掘，了解到五代修筑的周小城与宋大城的继承关系，同时也发现了宋大城西门门道为一座砖砌券顶式门洞，这是目前我国城门由木构过梁向砖构券顶式门洞转变的最早实例，并把我国

宋大城西门遗址博物馆

木构过梁式方形门洞向砖构券顶式圆制门洞转变的历史提前了100多年，为我国古建筑史和军事防御史提供了珍贵的实物例证。

宋大城西门遗址的保护，同样经历了艰辛。房地产建设与遗址保护发生了尖锐的矛盾，为了协调和处理矛盾，说服相关方面以保护古城文化遗产的大局为重，分管文保工作的副市长王功亮在公开场合流下了眼泪。庆幸的是，就地完整保护遗址的意见占了上风，并最终被市政府采纳，宋大城西门遗址得以保护，并规划建设了西门遗址博物馆。

6.宋大城北门遗址

扬州宋大城北门位于凤凰街和万福路（原漕河路）交叉口南侧，2003年4月，在漕河路建设施工时发现。2003—2007年陆续对遗址进行了发掘。实际发掘面积共计约1920平方米，考古发掘清理出了主城门、瓮城、露道和铺砖地面等重要遗迹。

主城墙始建于五代，沿用至元代。位于距今迎恩桥南约60米一线，南界约在原广陵古籍刻印社主楼北侧一线，城墙遗存距地表深约0.4—1米，夯筑而成，夯层厚约10厘米。因主城墙南半被现代民居所叠压，故其宽度暂且不明。

宋大城北门遗址遗迹丰富，虽因埋藏较浅而被晚期建筑破坏较多，但南宋时期的北门轮廓相对较完整。南宋时期的宋大城北门遗址范围东西约 85 米，南北约 65 米，包括主城门、瓮城等遗迹。

主城门位于发掘区的南部中间，被凤凰桥街叠压，保存较为完好。其南边因被现代道路叠压而未发掘，仅揭露出了南北约 16.4 米。发掘结果表明，主城门为砌砖门道，方向 4 度，门洞内有不同时期的铺砖道路残存。主城门处的遗迹大致可分为门道边壁、道路和门限石三类。从遗迹之间的叠压关系来看，主城门的门道边壁可分为三期，主城门内的道路可分为四期。结合其用砖规格和建筑技法等可知，属于南宋时期的第二期边壁和第一期道路保存较为完整。

北门遗址的瓮城位于主城门北侧，由东墙、北墙和西墙合围而成，瓮城东西（东墙东边界到西墙西边界）长约 52.6 米，南北（北墙北边界到主城门北口）宽约 40 米；瓮城内的平面形状略不规矩，东西面阔 19.2 米，南北进深 14.6—18.3 米。瓮城城墙厚为 13.6—15.6 米。主体由夹杂碎

扬州宋大城北门遗址瓮城（北一南）

砖瓦的灰土夯筑而成，夯土内外两侧有包砖墙，包砖多被破坏，仅有西墙东侧、西墙西侧北段、北墙北侧有部分包砖遗迹。

瓮城部分的遗存大致可分为瓮城城墙、瓮城门、出城露道、瓮城内铺砖地面等四类。

瓮城门只在东墙偏北处开一门，残存有门砧石和滑槽石等。瓮城门为东西向，长 13.6 米。两侧边壁均已无存。位于瓮城东墙北段，仅残存便门底部的铺砖道路，便门西侧保存情况较好。便门道路与瓮城内道路结构相似，便门道路宽度为 4.2 米。便门东侧门道外扩，外扩部分北部保存较好，有部分边壁残留，此边壁长约 3 米，外扩的门道宽度为 5.3 米。便门东西向，西口南壁距离瓮城内东南角 10.4 米，西口北壁距离瓮城内东北角 2.4 米。在瓮城便门内发现有门砧石两处，分别位于瓮城门道的南北两侧边壁下，南北不对称，从所处位置及其与瓮城门道内道路的底层关系推测，两处门砧石可能属于不同时期。

铺砖道路将主城门、东便门和瓮城内外串联起来，并向北延伸。出城露道虽破损严重，但结构的走向清楚。出城露道向北穿主城门而出，在瓮城内折而向北，沿瓮城东区过瓮城北墙后又折而向西斜行，再直行（与主门道铺砖道路在一线）到北护城壕吊桥边。

瓮城内的地面保存较好，地面有铺砖。铺砖均为错缝顺铺，铺砖之间未见黏合剂。所用砖长 0.35 米，宽 0.175 米，厚 0.6 米。瓮城内地面铺砖为斜坡状，西部的铺砖略呈西高东低，北部的铺砖为北高南低，东南部的铺砖为南高北低。这种做法主要是为便于瓮城内排水，先将降水汇入出城露道两侧的排水沟，然后经瓮城门道流出瓮城外。

宋大城北门遗址的发掘，明确了主门道、门限石、道路、排水沟等遗迹存在时代差异。根据遗迹间相互关系，可作如下分期：第Ⅰ期门道边壁为第一期遗存；瓮城门内露道下的门砧石、瓮城北墙南部、瓮城北墙西侧下部为第二期遗存；第Ⅱ期门道边壁、第Ⅰ期道路、第一处门限石、瓮城内露道、近瓮城门南壁门砧石及滑槽石、瓮城门内出城露道为第三期遗存；第Ⅱ期道路、第二处门限石和门砧石等为第四期遗存；第Ⅲ期道路为第五期遗存。第Ⅲ期门道边壁晚于第五期遗存，虽然它与第Ⅳ期道路是共存关系还是有早晚关系难以判断，但从扬州城修建历史来看，宋大城在元代末期已经废弃，而且已发现元末拆城墙的迹象。故第Ⅲ期门道边壁或早于第Ⅳ期道路，暂可推定为第六期。第Ⅳ期道路为最晚的道路遗存，从铺砌技法来看可能晚于明代，归为第七期遗存。

《旧五代史》记载：显德五年（958）“丁卯，驻跸于广陵，诏发扬州部内丁夫万余人城扬州。帝以扬州焚荡之后，居民南渡，遂于故城内就东南别筑新垒”。《资治通鉴》中又有：显德五年“二月戊午，帝发楚州，丁卯至扬州，命韩令坤发丁夫万余，筑故城（唐罗城）之东南隅为小城以治之”。推测第一期遗存为属于五代后周时期始建的周小城北门。《宋史》李重进传中有：“太祖立，（重进）愈不自安，及闻移镇，阴怀异志……又自以周室近亲，恐不得全，遂拘思诲，治城隍，缮兵甲。”第二期遗存或属于北宋初期的宋大城北门。《宋史》有关扬州修城记载较多，如：南宋建炎元年（1127）“甲午，命扬州守臣吕颐浩缮修城池……壬寅，遣徽猷阁待制孟忠厚迎逢太庙神主赴扬州”，建炎二年（1128）“冬十月甲寅，命扬州浚隍修城。阅江、淮州郡水军”，乾道三年（1167）五月庚申“修扬州城”，淳熙八年（1181）闰三月“庚寅，修扬州城”，绍熙三年（1192）秋七月“壬辰，修扬州城”，“（莫濛）出知扬州。陛辞，上以城圮，命濛增筑，濛至州，规度城闉，分授诸将各刻姓名甃堞间，县重赏激劝，阅数月告成”等。可见，南宋时期曾多次修缮扬州城，宋大城毁于元末，由于明旧城北门已南移至盐阜路一线，故推测第三期至第六期遗存属于南宋时期对宋大城北门的改扩建或修缮，其使用下限或晚至元末。

**7.莱茵北苑城门遗址**

莱茵北苑五代城门遗址位于梅岭东路东首南侧，梅岭街道广储社区

莱茵北苑五代城门遗址包砖墙基

莱茵北苑内。1988 年江苏扬州唐城考古队对扬州城遗址进行了全面的考古勘探,确定此处有古城墙遗址,在市第二粮库附近(即现在莱茵北苑地身)可能存在一座古城门遗址。2007 年 1—2 月,为配合莱茵苑房地产开发建设工程,扬州市文物考古研究所对莱茵北苑建筑工地进行了考古勘查与发掘。发掘面积占地面积约 600 平方米,发掘城门、城墙及河道等遗迹现象,初步弄清了该处城门时代、总体布局等问题。

主城墙位于莱茵北苑与吉祥苑围墙的东侧,呈南北向,方向为 2 度,宽度 16.2 米,清理长度近 60 米。从发掘清理的情况看,城门附近的城墙夯筑较好,夯土层为砂土和灰土分层夯筑,在夯土的东西两侧用城砖包砌,在城门向南 27.7 米处城墙夯土变成单一的沙土墙,两侧也不包砖。

主城门为在莱茵北苑北围墙位置,城门为一门洞,方向 91.5 度,宽度在 5 米以上。门道路面较为坚硬,发现仅为一期的土路,路基采用灰土夹砂土夯筑而成，厚度为15厘米，并略高于当时的地面。在路土之上有一层较厚的木炭堆积，应该是城门经火烧过的痕迹。

在主门道的东侧50米处发掘一段护城壕，清理宽度为14.5米，深度为4.9米。结合发掘探沟南北两侧现代建筑基槽内的地层来看，古运河由南向北流经此处折向东北，同时向西北方向分出一支流，形成一道城壕，运河和城壕间还形成了一块独立的四面环水的岛状台地，该布局与2000—2005年发掘的扬州唐宋城东门遗址瓮城东侧的城防布局十分类似。在清理河道内的这几组木桩可能为小型码头建筑遗迹。

在此处城门修建中基本采用单一规格的城砖，长42厘米，宽22.5厘米，厚5.7厘米，在砖的大面有戳印阳文“东窑××”“西窑××”，铭文有方框。这种铭文砖与邗江区杨庙乡五代大墓的尺寸和窑名相同。在扬州城南门遗址“迎銮”铭文大砖的出土，证明了这种规格尺寸的砖应该是五代之杨吴时期的。

杨吴时期的扬州城，指的是从杨行密修缮罗城开始至被南唐夺位止的期间，即包含晚唐末年在内。杨行密时（景福—乾宁间）（892—898），因扬州唐罗城“自毕师铎、孙儒之乱，荡为丘墟，杨行密复葺之。稍成壮藩”。从文献记载并结合扬州城南门、唐宋城东门、杨庄西门等遗址的发掘结果来看，杨吴时期（907—937）对唐罗城有所修建。

8.扬州宋夹城北门遗址

宋夹城又称“蜂腰城”，位于堡城与宋大城之间，即今宋夹城遗址体育公园。现四周城壕依旧存在，濠河面宽达100米左右。为配合宋夹城遗址公园建设，2009—2010年，扬州市文物研究所对宋夹城北门及城墙进行考古发掘，发掘面积500平方米，发掘出宋代北门遗址，明确宋夹城两期修筑过程。

宋夹城北门位于笔架山中部豁口的北侧。北门为一门道，南北向，南北长14.5米，宽3.2米，内侧门脸部位凹进1.5米，北侧门脸由于临河而破坏严重，情形不清楚。清理时发现门道两侧包砖全部拆完，仅剩包砖墙

宋夹城北门遗址

底部的黄黏土基础和残留在基础上的石灰、糯米汁黏合剂。门道内铺小青砖。门道南侧为斜上坡的道路,道路宽8米,用城砖铺就。此处城门外侧包砖基础较有特色,临水一侧包砖墙下面用密布的木桩作基础,以防止城墙基础下沉和坍塌。在门道北侧临河位置发现一凸出城门的墩台,这个位置正好是连接宝祐城南门的长桥(唐代称下马桥)南端起点。2002年疏浚河道时发掘清理出长桥遗迹,桥木桩37排,跨度长147米,宽度5米,每排木桩6—8排列,打入河道4米,为木构平桥结构,气势宏大,是宝祐城(堡城)通往夹城、联系宋大城的重要桥梁。

宋夹城于绍兴年间(1131—1162)由郭棣始筑,最初为夯筑土城墙,宋嘉定年间(1208—1224)崔与之又将夯筑土城改为砖砌,牢固了城墙,进一步加强防卫。几百年来,自然破坏,加之人为损坏,地理情况发生了重大变化。虽然夹城环形城壕还在,但城墙、城门遗迹基本都掩埋于地下。

1989年,江苏省扬州唐城考古队对宋三城遗址进行了考古勘探。勘探表明宋夹城为平面呈南北狭长的长方形城池,遗址东、西墙的中北段及北墙高出附近地面1—3米,方向为北偏西6度。夹城东墙长900米,西墙950米,南墙380米,北墙450米,全城周长2580米。四面各开一门,中有十字大街与四门连接。北墙中部略偏东发现了夹城城门址一处,它与位于蜀冈上的堡城南门址缺口遥遥相对。夹城东墙和西墙中部外侧的护城壕至此屈曲弧状外绕,东墙中部的豁口外侧,在七、八十年代尚可见到半圆形土墩,当为东城门瓮城遗迹。夹城北城墙内外探有环城大道,墙内大道宽7米,路土层厚达40厘米。城外大道正好位于今断崖处,路宽不明,探得路土层距地表深1.2米,厚0.2米。路土层上为坍塌的城墙夯土所覆盖。东墙偏北端还发现砖砌涵洞遗址一处,东西向布局。现涵洞砖已被现代村民取用殆尽,长约14米,宽2米,东西两侧均有八字摆手。现仅剩西侧八字摆手,涵洞底部用青石铺就,洞壁用城砖圈砌。

宋夹城在宋三城中居于与南北策应的中间位置,只是起甬道的作用。尽管如此,夹城本身还有一个自成防御体系的军事堡垒。宋夹城遗址经过多年的考古勘探与发掘,基本弄清了宋夹城的平面布局、城门位置与结构、南宋二期城墙修筑的过程,同时也为宋夹城遗址公园建设中的保护与展示提供了重要的考古学依据。

9.唐罗城排水涵洞遗址

唐代水涵洞遗址位于扬州市区大学南路西侧,扬州大学综合楼东侧2米。1993年4月,扬州大学本部建设综合楼时发现砖木结构的建筑基础残迹,江苏省扬州唐城考古队组织抢救性清理考古发掘。发掘面积150平方米,揭露了唐代砖木混合结构的排水涵洞遗迹,该遗迹东距1988年考古勘探出的唐代罗城南城墙西侧南门30米。

水涵洞建在罗城南城墙基下,呈长条隧道形,为正南北方向。从现地表距东侧南门门道内的路土1米深来判断,涵洞的券顶应暴露在唐代的地面以上。唐代罗城废弃后，券顶被人为取砖破坏，仅保留很少券脚砖的痕迹。水涵洞南端已破坏，北端未到边。

涵洞宽 1.8 米，高 2.2 米(复原)，南北残长 12 米。从涵洞与城墙的关系看，二者同时规划，如从南门往西的一段城墙，要经过一处河塘，此处低洼，有意把低于地面以下的涵洞安置在河塘中，即减少挖土工作量，又不阻断河塘流水，只需加固涵洞基础。因此涵洞基础下填有很厚的碎砖瓦与塘泥的混杂土，较软的部位夯打木桩，洞壁下铺垫厚木板，在此基础上建筑水涵洞。但因塘泥较软，基础仍不坚，涵洞墙壁逐年下沉，尤其西侧洞壁下沉严重，致使洞壁错位歪斜。

涵洞壁用长 26 厘米、宽 14 厘米、厚 35 厘米的青色长条砖垒砌，壁高 1.3 米，厚 0.54 米。洞壁砖采用平铺错缝砌，即用两排丁砖平铺一层，其上层改用两顺一丁砌，层层累砌，砖之间用黄黏土泥砌墙，砖缝厚约 0.5 厘米。洞壁中腰距涵洞底 0.5 米处，平铺一层木隔板，木板架在两侧洞壁上，长 3.5

扬州唐代水涵洞遗址

米，宽 0.4—0.5 米，厚 0.3 米，木板之间留有 0.2 米的空隙。涵洞顶用砖券砌，为一券一栿，里券用砖直立砌，外券用砖横立砌，券顶厚 0.44 米，内半径为 0.9 米。围绕涵洞墙壁外，填放许多大石块和炉渣块，用以加固墙体。

涵洞内设置两道木栅栏的防护设施。在其中北部设置两道木栅栏，两道木栅栏之间相距 2.4 米，木栅栏下有木地栿，地栿为长方形条厚木方板，长 2.8—3.2 米，宽 0.34 米，厚 0.28 米，地栿两端置于砖洞壁或木方板洞壁下。木地栿上面均凿有 7 个菱形方状卯眼，卯眼边长 9 厘米，深 8 厘米。卯眼间隔约 10 厘米，只有西端的两个卯眼间隔 20 厘米。北侧地栿西端多凿一个菱形卯眼，或因计算错位所致，类似两个“◇◇”纹卯眼紧连在一起。每个卯眼内插装有菱形木栅棍，清理时木栅棍基本已朽，从痕迹看木栅棍应为菱形方条木，向上穿过中腰隔板，顶端尖状与券顶平齐。木栅栏的设置主要是防止外围攻城之敌从涵洞出入，有效地保护了城池。

涵洞的南端还设有节制护城河水倒灌的设施。在其南端还残留一个宽度有 0.15 米砖槽，槽保存高度为 0.21 米，这种槽口应该是用于闸板上下抽插。根据所处的位置来看，可能是防止外围河水量过大，河水由涵洞进入城内沟渠，河水倒灌，造成城里内涝。

水涵洞向北与城内一条南北向的排水沟连接，向南与南边南护城壕河相接。涵洞是排放城内生活污水及雨水之用，是不可或缺的重要城建设施之一。这种砖木结构的水涵洞，是唐代扬州水涵洞建筑规模较大的一个，既有排水功能，又有防御能力，同时又具有防涝功用，是唐代扬州城市建设的一个新创举，又具有重要特色的一个设施。这是目前我国唐代城址考古中发现保存最完整、建筑规模最大的排水涵洞，为研究唐代扬州的城市建设又提供了十分重要的实物资料。

10.扬州宋大城北水门遗址

2003 年春，江苏省扬州市扩建改造漕河路西段时，在玉带河和漕河交汇口的东南隅发现了由大型石条砌筑而成的古代遗址。2004 年 3—5 月，

宋大城北水门遗址

为配合玉带河整治工程，对北门水门遗址北段进行了抢救性发掘，发掘面积约300平方米。揭露出了水门北段的东西石壁、东壁滑槽、门道、摆手、局部驳岸等重要遗迹。

水门的主体部分由东西两石壁构成。石壁外侧为主城墙，北端与北段水门摆手连结。东西石壁方向角均为5度，南北向，与主城墙垂直。已发掘部分的两壁南北长16米。

两侧石壁各宽约2.4米，两壁相距7.1米。东壁保存最高处有20层，高达3.6米。石壁上残存零散的砌砖，应为石壁上层砌砖被破坏后的残留。西侧因河道变化及后世破坏，仅残存底层砌石。两侧石壁之间即为水门的门洞。

水门石壁是用经过加工的石条错缝垒砌而成，排列整齐。石条间用大量的羼入糯米汁的石灰膏黏合，石壁和两侧城墙用了同样的石灰膏。石壁所用石条长1.5—2米或1—1.2米，厚0.15—0.2米，宽约0.7米。东西两石壁的选料和结构基本一致。从保存最好的东侧石壁看，上下砌石有一定的收分。下部倾斜角约为6度，上部倾斜角约为15度，但最底层砌石向外凸出约7厘米，形成了一个明显的凸棱。东侧石壁西侧面上有一层较为水平的黑色条带状附着物，上下宽约0.6米，可能属于石壁上附着的水生植物腐烂后的残迹。这层黑色条带大约反映了当时河道水位线的变化。东侧石壁西侧面上有一条竖向的滑槽。滑槽平面呈方形，底部开口于底层石条之上，内底部西北角有残砖1块，边长0.26米，高约3.4米。滑槽是用“∟”或“Π”形缺口的两类石条拼合而成，即或在整块的石条临水处凿出“Π”形的缺口，或将一块石条的一角凿成“∟”形再和另一块石条拼接成“Π”形缺口。这种滑槽可能是为了安放便于防御的、可升降的闸门而设。

“摆手”一词源自《营造法式·石作制度·卷輂水窗》中“上下水随河岸斜分四摆手”的记载，即水门两壁出门道后呈“八”字形部分的称呼。北门水门遗址发掘出来的只是北段东西两侧的摆手，两壁摆手形制相同，做

宋大城北门及水门整体照

法与水门门道处石壁相同，均由石条垒砌而成，摆手和门道相连结处的砌石石条侧面被加工成斜面，自然过渡，无明显断裂，石条之间用白灰膏黏合。因水门南段未发掘，目前还不能确认水门南段是否有摆手。

西侧摆手仅残存6层砌石，高约1.06米，南北长约6.5米，方向角351度。东侧摆手残存12层砌石，高2.1米，折角处以北发掘出来的长度为11米。东侧摆手折角处底部、顶部的倾斜角均为19度，再往北亦有15度或17度的，最北（目前发掘出来的部分）为19度。折角处石料为一层拼合成折角、一层为专门加工而成的整块石料交砌而成，这与滑槽的做法基本近似。东侧摆手北段之上残存有整齐的砌砖。

水门在门洞部分的方向角约为5度，北段东侧摆手向东，西侧摆手向西，形成倒“八”字形，西侧摆手方向角大致为351度，东侧摆手方向角大致为19度，河道出摆手折角处后张开角度约为28度。

水门东侧石壁局部被破坏至砌石底部以下，在此共清理出基础木桩13根，木桩大小不均，直径15—20厘米，最大直径25厘米，最小直径12厘米，木桩中心间隔一般约40厘米。木桩顶部平整，大致在同一水平面上。木桩之上铺敷有一层夹杂大量碎瓦砾的青灰色填垫层，厚约20厘米，其性质与东侧石壁西侧河道内的衬底层近似。这层填垫层铺平之后，再在其上垒砌水门的石壁。

东西石壁之间有南北向成列整齐的木桩，东侧石壁西侧宽约2.1米的范围内有5列，西侧石壁东侧宽约1.7米以内有4列，木桩中心间距约50厘米，木桩直径16—22厘米，最小直径10厘米，最大直径28厘米。东西两侧木桩之间、宽约3.2米的河道中心部分没有木桩。

在第3列和第4列木桩之间，还发现有厚约10厘米的木板。目前发现的东侧木板南北延伸约12米，西侧只揭露出了长约2.5米的部分。这些木板应该也是为了固定地钉、加强基础的设施。

水门部分的砌砖较少，仅在东侧石壁砌石和水门北段东侧摆手之北有残存。东侧石壁砌石上的砌砖长 38 厘米，宽 18 厘米，厚 7 厘米。用白灰膏黏合，保存状态较差，砌法上也看不出规律。

水门北段东侧摆手之北，砌砖保存得较好。该处发现的砌砖南北长约 5.5 米，存高 1.2 米。砌砖从砌石顶面向东 30 厘米处开始，砌砖西侧面为较整齐的立面，在摆手砌石的顶面形成了一个宽约 30 厘米的平台。砌砖基本为一顺一丁错缝平铺而成，用白灰膏黏合。

水门是既可以通水行船，又可以加强河道防御的横跨河道的城墙上的门道设施。此次发掘，初步判明了宋大城北门水门遗址的形制、布局及其保存状况。从目前的发掘结果来看，北门水门的始建年代不早于五代，废弃于元代，门洞券顶可能倒塌于明代。虽然在水门内没有找到南宋及其以前的地层堆积，但是从水门与宋大城北门瓮城遗迹相关的地层关系、水门的建筑技术以及用砖尺寸、砌砖技法、砌石砌砖使用石灰膏黏合等特点来看，可以认为目前揭露出来的水门遗址，可能是南宋时期的遗存。

11. 扬州宋代挡水坝遗址

2013 年 2 月，为了解宋宝祐城西城门外半月形瓮城内部的面貌，江苏扬州唐城考古队在西华门外现代道路过城壕处进行选点发掘。发掘面积约 550 平方米，清理出了宋元时期的挡水坝遗迹。

挡水坝由挡水墙、两边壁及其摆手构成。挡水墙以南清理的西边壁可以分为早晚两期。早期修砌规整，用白石灰膏作黏合剂，其用砖规格、修砌方法与扬州南宋时期的相同，而砖上铭文内容有属于南宋晚期的；西边壁晚期的修补不甚规整，黏合剂多为黄砂，为元明时期的修缮部分。

挡水墙位于挡水坝中部，其形状呈“△”形，砖石结构，东西向，方向为东偏北 3 度。横架在东西两边壁之间及其上，南北两侧有挡水坡面。顶部东西向存宽 4.86 米，底部东西向宽 3.96 米，南北向宽 4.1 米。底部基础北高南低，高差 0.3 米左右。挡水墙自下而上由基础部分（地钉、衬底石条或砌砖）、砖砌坡面挡水墙、顶部石条等几部分构成。

扬州宋代挡水坝遗址

挡水墙的南北两侧为斜状挡水坡面，外观近似。北侧挡水坡面的基础部分由3层砌砖及其下的地钉构成，而南侧的基础部则为衬底石条。

北侧挡水坡面坡长2.18米，宽3.96米，坡度37度。坡面底部无衬底石条，其基础为三层平铺砖，上、下二层为丁砖，中间夹层为顺砖，均用白石灰膏作黏合剂。基础铺砖之下的东部，有东西向的地钉3根。坡面上平铺丁砖二层，上面一层东西有22列，砖列之间错缝，砖缝宽2—3厘米。北坡面底部向北1.06米处竖立1根木桩，直径12厘米，高56厘米，性质不明。

南侧挡水坡面坡长2.66米，宽3.96米，坡度48度。底部铺设有衬底石条，石条上黏合较多的白石灰膏宽16厘米，石条的长、厚等不明。南坡面西半部保存较好，亦由二层丁砖砌成，上面一层为22列平铺丁砖，下面一层则为平铺顺砖，铺设方法与北坡面相同。

挡水墙顶部中央顺挡水墙方向铺设石条，侧立砌成东西向一线。残存4块。石条上部为较锋利的棱角，下部较平。石条下为平铺砖，南北两侧即挡水坡面砌砖。

挡水墙东西向横架在南北向边壁之间，两边壁及其摆手的平面形状似“〕〔”形，边壁和摆手以拐点为界，两边壁之间的距离为上宽 4.40 米，底宽 3.96 米。挡水墙底部北高南低，挡水墙南北两侧的边壁及其摆手的起基高程也是北高南低，故而两边壁又以挡水墙为界各分为南北两个相连的部分。

在西边壁北摆手向西有与之相连结的向西延伸的砖砌驳岸遗迹，与西边壁北摆手形成的夹角为 156 度。该段砖墙起基不在生土之上，而是直接平铺收分 4—12 厘米的三层平铺丁砖为基础。基础铺砖之下可见地钉 2 根，直径分别为 14、15 厘米，可见高度 11 厘米，间距 0.26 米。地钉西北、砖墙北（外）侧有木桩 3 根，从东向西直径分别为 14、12、15 厘米，露出地面的高度为 20 厘米。

挡水坝遗址使用的多为整砖，填砖多为残砖。面砖部分模印有“大使府造”“武锋军”“宁淮军”“扬州”“镇江都统司前□”“涟水军”等铭文砖，均为南宋时期扬州城用砖。

南宋时期的扬州城不时成为宋金、宋元战争的前沿阵地，南宋宝祐年间修筑了宝祐城。堡寨城西门外应该是完整的半月形瓮城。到了南宋晚期，李庭芝修筑平山堂城时可能将半月形瓮城与主城墙处打开，使正对西城门的宝祐城主城壕向东收窄，在宝祐城西城门外的城壕中修建了挡水坝。挡水坝始建时的用砖规格、砌砖方法、黏合剂等，均与扬州城遗址南宋时期包砖墙的典型特点一致。该挡水坝两边壁的形制和构造，与扬州唐宋城东门瓮城台地和东台地之间的构造较为近似。判定该挡水坝的始建年代为南宋晚期，是因为挡水坝边壁和摆手上有“大使府造”“宁淮军”“镇江都统司前□”等铭文砖。

该挡水坝位于现代道路之下，受发掘条件的影响，未能继续向东发掘以探寻与西城门（俗称“西华门”）相关的迹象。挡水坝正对着西城门，位于交通咽喉要道，或设有吊桥或拖板桥之类的过城壕设施。挡水坝顶部石条较尖锐的顶线、两面陡坡的挡水墙，应该具有撤除掉过桥设施之后阻止通行的功能。因此，该遗迹既具有挡水坝的功能，又与宋宝祐城西城门外过主城壕的设施有关，是一座兼具挡水和城防功能的水利设施。

扬州对古城考古工作的重视，长期驻守在扬州的中国社会科学院考古研究所副研究员汪勃最有发言权。进入21世纪以来，在国家经济迅猛发展、文化事业空前繁盛的大背景下，扬州城遗址的考古工作也随之收获了可喜的成绩。

汪勃说，迄今除了邗城依然不见踪迹外，扬州城其他各个历史时期城址城壕与城墙的面貌都在逐渐清晰。扬州蜀冈古代城址应当是由不同时期构筑的城墙逐渐形成的，楚汉六朝广陵城的面纱正在逐渐揭开；隋江都宫城和东城曙光乍现。蜀冈下扬州城遗址唐至明清时期城池的沿革基本明确，唐扬州城的"四面十八门"正在明晰，扬州城遗址中作为全国重点文物保护单位中心内涵的唐宋时期城址的基本情况也基本明朗。

## 第三节　文物单位和历史建筑保护

各类历史建筑是古城历史文化遗产的重要组成部分，5.09平方千米扬州古城内散布着数百座历史建筑，长期以来它们大多被单位和居民占用，且年久失修，破坏较为严重。扬州市根据现存古建筑的实际状况，按照文物保护的有关规定和"修旧如旧，不破坏原状"的原则，制定保护和整修计划，根据年度计划逐步整修古建筑，合理定位其使用功能，开放、利用一批文物建筑。

### （一）全国重点文物保护单位

#### 1.何园

湖北汉黄德道台何芷舠于同治元年（1862）购得徐凝门街乾隆年间双槐园旧址，始建寄啸山庄，至光绪元年（1875）建成，园名取自陶渊明"倚南

何园东门

何园一景（王虹军摄于 90 年代）

窗以寄傲,登东皋以舒啸”之意,后辟为何宅的后花园,故而又称“何园”。光绪九年(1883),园主何芷舠归隐扬州后,又购得吴氏片石山房旧址,扩入园林。何园呈前宅后园式布局,园分东西两院,以二层串楼和回廊复道与住宅连成一体。东院有船厅和牡丹厅,船厅北有湖石贴壁假山相连。西院中为一水池,池中立水心亭。池北有蝴蝶厅五楹。池西湖石假山依傍而立。池南为回廊复道,透过花窗使花园与住宅互为借景透视。院西南一角为赏月楼。院前住宅主要由一座楠木大厅和两进七开间楼房(玉绣楼)组成,水磨石砖墙壁,小瓦屋面,百叶窗,楼上回廊与后园相通,长达一里,住宅楼东相传为石涛叠石的“片石山房”。园主将西方建筑特色带回了文明古国,并吸收中国皇家园林和江南诸家私宅庭园之长,又广泛使用新材料,使该园吸取众家园林之经验而有所出新。《扬州览胜录》:“咸同后城内第一名园,极池馆林亭之胜。”

何园原为私家园林,园主人几经更替。抗日战争期间被日军占领,驻扎伪军和作为日军伤兵康复之所。抗战胜利后,为江苏保安处接收。此时祝同中学迁往扬州,便将何园借给祝同中学复校上课。新中国成立后收归国有。1959年10月1日,何园由园林部门整修后对外开放。1969年3月,花园为无线电厂占用,改作厂房,造成古树名花死亡,假山倒塌,厅馆陈设散失。1979年5月,园林部门接收,突击整修后对外开放花园部分。1985年9月,市政府和有关部门经过六次磋商,决定将723所使用的“片石山房”和住宅楼群全部移交园林部门。1987年国庆节,寄啸山庄经省、市政府拨款整修后对外开放。1989年,片石山房复修开放,门楣上的“片石山房”系移用石涛墨迹。2005年,中国文物学会会长、园林泰斗罗哲文称之为“晚清第一园”。2015年,何园住宅部分再次大修并打通花园巷,重启南大门。

何园于1962年5月被市人委公布为市级文物保护单位,1982年3月被省政府公布为省级文物保护单位,1988年1月被国务院公布为全国重点文物保护单位。

个园南部住宅

2.个园

个园坐落于东关街316-318号,系清嘉庆年间盐商两淮总商黄至筠购筑,其南部为住宅,北部为花园,花园部分保存较好。历史上多次易主买卖,民国时期为军阀占据。

新中国成立后,个园收归公有,并经过多次维修建设。1955年,修建宜雨轩。1957年,市人委曾拨款整修,堆叠假山,加高黄石山,重叠宣石山。1958年,又作全面维修。南部住宅部分由房产公司代管作市民住宅用;花园西北部先由农展馆借用,后被广播电台使用;花园东北部被饮服公司改作富春花园茶社;个园假山区域,1968年为扬州地区京剧团使用,损坏严重。1979年由园林部门收回,进行大规模整修。1981年11月,增建伫秋阁、鹤亭、竹西佳处门墙,并于1982年2月正式对外开放。2002年11月扬州市修缮个园南部住宅,搬迁居民31户,次年4月完成修缮并对外开放。修缮后的个园南宅建筑布局分为三组,由东向西形成三条轴线,每条轴线分为前中后三进，由两条火巷分隔。2013 年，扬州市文化博览城建设项目之一的“个园史料馆”正式建成并开放。2015 年 9 月 24 日，历时半年的个园复原模型制作工作完工，完整再现了个园五路住宅及四季假山，呈现了贯穿五路住宅和四季假山的复道回廊，恢复了不少个园已经荒废的元素。2016 年 4 月，个园成为首批国家重点花文化基地之一。

个园于 1962 年 5 月被市人委公布为市级文物保护单位，1982 年 3 月被省政府公布为省级文物保护单位，1988 年 1 月被国务院公布为全国重点文物保护单位。

3.普哈丁墓园

普哈丁，相传为穆罕默德圣人第十六世裔孙，南宋咸淳年间（1265 — 1274）来扬州传教，创建仙鹤寺。德祐元年（1275）七月，普哈丁病逝于由天津南下的舟中。遵其嘱葬于扬州城东古运河畔高冈。

墓园在今扬州城东解放桥南侧、古运河东岸的土冈上，俗称“巴巴窑”（巴巴是对有德望的穆斯林的尊称），又称“回回堂”。占地 25 亩，由墓域、清真寺、东郊公园三部分组成。普哈丁墓亭平面呈方形，内部为圆拱顶，外

古运河边普哈丁墓（李斯尔摄）

朱自清故居庭院（王虹军摄）

部为四角攒尖式瓦顶，四壁有拱门，墓置墓亭中央。整个墓形具有阿拉伯拱拜尔（墓亭）式的风格。继后阿拉伯著名伊斯兰教在扬传教人士逝世后均葬于此，主要有南宋景炎三年（1278）撒敢达、明成化元年（1465）马哈谟德、明成化五年（1469）展马陆丁、明弘治十一年（1498）法纳以及明清两代扬州伊斯兰教著名的阿訇墓、明嘉靖朝昭勇将军张忻墓及清光绪朝抗日名将左宝贵衣冠冢等。墓碑多刻有阿拉伯文字。墓园经明洪武二十三年（1390）哈三重建，嘉靖二年（1523）商人马宗道同住持哈铭重修。清乾隆四十一年（1776）大修增建清真寺、望月楼等建筑。

1973 年普哈丁墓园收归园林部门所有，1980 年大修并辟为公园对外开放。该园 2001 年被国务院命名为全国重点文物保护单位。2002 年再次整修，迁移失落文物，重新对外开放。

4.朱自清故居

朱自清故居在安乐巷 27 号，为晚清所建，今仍完好，计三间两厢一对照，另客座两间，大门过道一间，天井一方，是扬州传统的三合院式民间住宅。

朱自清(1898—1948),原名自华,字佩弦,号秋实,祖籍浙江绍兴,生于江苏东海县,因祖父、父亲都定居扬州,本人又毕业于扬州的江苏省第八中学(今扬州中学),后又在扬州做教师,故自称扬州人。

1982年朱自清故居被定为市级文物保护单位、爱国主义教育基地和小公民示范基地,1992年10月16日,扬州朱自清故居经整修后对外开放,中共中央总书记江泽民为朱自清故居题名。2002年9月在朱自清故居设立朱自清生平事迹展示厅。2006年朱自清故居被列为全国重点文物保护单位。

5.吴氏宅第

吴氏宅第位于扬州市泰州路45号,系宅主吴引孙光绪年间任浙江宁绍台道台时聘请浙江工匠建造,规模宏大、结构精巧、雕工精细、保存良好,是江苏省仅存的两座浙派建筑群之一和扬州唯一的浙派古住宅建筑群。

吴道台宅第内测海楼(李斯尔摄)

原占地面积万余平方米，建筑面积 5584 平方米，计有大小房间一百余间，有测海楼、金鱼池、爱日轩、观音堂等。1942 年秋，日伪一孙姓师长，以贱价强行购得吴道台宅，于次年春在宅内开设烟厂。后因烟厂火灾，造成第四、五两轴线住宅及第三轴线住宅后楼全部烧毁。宅东原有芜园及祠堂。1942 年冬，日军将芜园改为练兵场，芜园消失。新中国成立后，一直作为市第一人民医院的职工宿舍使用。

2003 年 11 月，吴道台宅第实施整修，整修面积 2790 平方米，搬迁 60 户居民。2005 年 4 月，吴道台宅第对外开放，并在其内设立扬州中医博物馆。2014 年 4 月，重建的芜园及新建扬州院士博物馆对外开放。2006 年吴氏宅第被列为全国重点文物保护单位。

**6.小盘谷**

光绪三十年（1904），两江总督周馥购得丁家湾大树巷徐氏旧园重修为家园，因园内假山峰危路转，苍岩临水，溪谷幽深，石径盘旋，故名小盘谷。周馥（1837—1921），字玉山，号兰溪，安徽建德人，早年为李鸿章的幕僚。甲午战争后任四川布政使、山东巡抚、两江总督、两广总督等。

小盘谷九狮图山（王虹军摄）

小盘谷在扬州园林中有独到之处，与个园、何园相比，小盘谷占地很小，建筑物和山石也不多，但妙在集中紧凑，以少胜多，即小见大。小盘谷总体分为三部分，西部为住宅区，院落式客房。中部为一大厅，大厅左右为火巷，巷东即花园。园中有湖山秀石，名为“九狮图山”，是小盘谷的镇园之宝，因其山石外形如群狮探鱼而得名。

新中国成立后，小盘谷收归国有，一直用来做招待所，因为地理位置偏僻，年久失修，呈现出衰败的格局。2006 年，国务院公布小盘谷为全国重点文物保护单位。2009 年，扬州市政府探索古建筑保护新思路，经公开招标，将“小盘谷”使用权拍卖给企业，打造成集会所、园林旅游、娱乐餐饮等为一体的对公众开放的旅游场所，成为扬州“古巷游”的必去之地。

7.汪氏小苑

汪氏小苑位于东圈门地官第 14 号，现为全国重点文物保护单位。清末皖籍盐商汪竹铭建造，占地 3000 余平方米，建筑面积 1700 余平方米，是扬州清末民初保存最为完好的盐商住宅。2001 年 5 月汪氏小苑整修工程开工，同年底完成整修并对外开放，为东圈门片区重要的文物旅游景点，小苑内设有扬州盐商住宅陈列馆。小苑建筑组群布局规整，住宅东西三轴，前后各三进，中路正宅前有水磨砖雕门楼，东部花厅面阔三间，进深七檩。庭园玲珑精巧，厅前屋后辟“可栖徲”“小苑春深”“迎曦”小苑，使住宅与小苑融为一体，曲折多变，在扬州市园林中别具一格。

8.盐商卢绍绪宅第

盐商卢绍绪宅第位于康山街 22 号，现为全国重点文物保护单位。清光绪二十三年（1897）江西盐商卢绍绪所建，耗银七万八千两，呈前宅后院格局，占地近万平方米，有房 130 余间，为扬州现存最大的盐商住宅。1981 年因火灾烧毁厅堂四进。2005 年 9 月卢氏盐商住宅重新整饬，次年 4 月完工。卢氏盐商住宅整修面积约 3800 平方米，修缮、恢复了百宴厅、前后内宅楼及门厅等古建筑和花园，并完成内部装修及配套设施，对外开放。

汪氏小苑(周泽华摄)

卢氏盐商住宅庆云堂(茅永宽摄)

文昌阁夜景（洪晓程摄）

## （二）省级文物保护单位

### 1.文昌阁

位于汶河路与文昌中路交汇处，是古城内市民赏景的中心和地标建筑。明万历十三年（1585），两淮巡盐御史蔡时鼎于汶河文津桥上建阁，时隔10年毁于火。次年经江都县知事张宁发起重建。清代多次修葺，阁高24.25米，系三层圆檐砖木结构，上盖筒瓦，顶檐锥形，上为葫芦顶。平面呈八角形，第一层外砌砖墙，四面有圆形拱门，二、三层四周皆木格窗。造型与北京天坛祈年殿相仿。

扬州解放后，文昌阁因填塞汶河向东倾斜，岌岌可危，后由扬州市政工程队老师傅张怀安作了“瓦望不落地”的牮正。1959年，文昌阁实施大修，粉饰了风化的青砖外墙，更换了腐烂的窗条、破损的筒瓦望砖，维修了木楼梯，沿圆檐精心装饰彩色小电灯泡，葫芦顶也用彩灯装饰。

1966年，随着“文化大革命”运动的兴起，文昌阁成为运动中心和造反派举行活动的场所，阁名也改为造反楼。1978年2月，为扩建石塔路，拆除文昌阁周边民居建筑，搬迁楼内居民，整修扩充文昌广场。文昌阁屹立东西、南北两条主干道正中，周边饰以圆形花坛，车辆沿环岛通行。为保护古建筑和维持交通秩序，路人被禁止进入阁内观赏。1992年起扬州实施街景美化和灯光亮化工程，文昌阁拆除旧式彩灯泡，开始安装轮廓灯、冷光灯、霓虹灯、泛光灯和射灯，采用不同的亮化设施和亮化色彩勾勒出建筑不同的风格和特点，形成立体、多光源、梦幻的城市地标古建筑景观，吸引了大批游客和市民来此参观。

### 2.文峰塔

文峰塔位于市区古运河宝塔湾，现为省级文保单位。明万历十年（1582）武僧镇存献艺募建，知府虞德晔与御史邵公赞助，兵部侍郎王世贞撰《文峰塔记》志之。咸丰三年（1853）寺毁，塔仅存砖心。后由本地僧人

文峰塔（陈民摄）

修复后的准提寺（陈民摄）

整修后的岭南会馆（洪晓程摄）

会同大江南北名山主持募资修复。2003年重修。塔七层八面，楼阁式，砖木结构。塔下为文峰寺，有前殿、后殿及东西廊房等清代建筑。

3.准提寺

准提寺位于盐阜东路24号，始建于明代，现为省级文保单位。它是扬州老城区现存规模较大的佛教寺院，有山门殿、天王殿、大雄宝殿和藏经阁等古建筑，占地2300余平方米。准提寺于2003年4月完成修缮。修缮后的准提寺内设有扬州民间收藏博物馆。

4.岭南会馆

岭南会馆位于新仓巷（旧名仓巷）4号至16号之间，始建于清同治年间，现为省级文保单位。是现今扬州遗存众会馆中最为完整的会馆。岭南会馆原占地面积近五千平方米，原有屋宇近百间。现尚存老屋五十余间，原组群布局由东、中、西三路住宅并列。2003年9月对岭南会馆重新整饬，所存老屋、碑刻有一定的史证、史艺价值。

二分明月楼

## (三)市级文物保护单位

1.二分明月楼

二分明月楼位于市区广陵路263号,现为市级文保单位。原系员氏宅园,后为盐商贾颂平所有,占地约1050平方米,园北有南向七楹长楼,上有钱咏题“二分明月楼”横匾。楼檐下置美人靠,可凭栏赏月。楼东有黄石假山一座,由此可拾级登园东楼阁,阁西向三间。园西南有楼阁三间。园中原有四面厅,1959年移瘦西湖上。1991年实施大修,在园中凿池,建扇面亭并对外开放。

2.长生寺阁

长生寺阁位于市区古运河东岸,跃进桥北侧,现为市级文保单位。此阁旧为长生寺弥勒阁,始建于嘉庆十六年(1811),毁于咸丰年间。民国年间重建,阁为砖木结构三层,重檐翘角,八角攒尖葫芦顶,2001年古运河综合整治时重修。

古运河畔长生寺阁(李斯尔摄)

盐宗庙(洪晓程摄)

3.盐宗庙(曾公祠)

盐宗庙在康山街20号,西邻盐商卢绍绪住宅,现为市级文保单位。系清同治年间由两淮众盐商捐建。原供奉夙沙、胶鬲、管仲三位盐业始祖,是扬州盐商举行祭祀仪礼的场所,后为纪念曾国藩而建成曾公祠。盐宗庙原占地千余平方米,有房数十间,现遗存建筑前后三进,建筑面积近300平方米。2006年盐宗庙重新整饬,次年4月作为盐宗文化展示馆对外开放。2014年6月,盐宗庙被列为大运河世界遗产扬州10个遗产点之一。

## 第四节　历史街区的保护与整治

1997年,国家文物局提出历史街区观念,指出“历史街区是历史文化名城的载体和主要标志,是名城文脉的有效延续”。此后,扬州开始在老城区推行历史街区整治。2001年,扬州市四届人大常委会第三十次会议审议原则通过《扬州市老城区控制性详细规划大纲》,确定扬州四个历史街区,分别是东关街历史文化保护区、仁丰里历史文化保护区、湾子街历史文化保护区、南河下历史文化保护区。

### (一)东关历史街区保护与整治

距今约有1200年历史的东关街是扬州古城历史街区保护的典范,东关街见证了扬州古城保护理念提升的全过程。

上世纪90年代出土的扬州东门遗址证明,早在唐代至元代时期,东关街就拥有坚固的城垣、独具特色的民居和设施齐全的浴室。据考证,唐代杜牧的诗句“春风十里扬州路,卷上珠帘总不如”描述的就是东关街。到了清代,中国四大行商之一的扬州盐商,更把东关街作为居住的首选之地。东关街拥有比较完整的明清建筑群及“鱼骨状”街巷体系,保持和沿袭了明清时期的传统风貌特色。街内现有50多处名人故居、盐商大宅、寺庙园林、古树老井等重要历史遗存,这种“河(运河)、城(城门)、街(东关街)”多元

老街夕照(周泽华摄)

而充满活力的空间格局,体现了江南运河城市的独有风韵。

2000 年,扬州通过申报,获得国家文物局批准的历史街区专项保护费用 300 万元,开始启动东关历史街区保护与整治工作,本着“重点保护、合理保留、全面改善、局部改造”的整治原则,首期保护和整治东圈门片和东关街片部分路段和建筑。2001 年完成东圈门街、三祝庵街、地官第街一线、东圈门沿街两侧建筑和街景的保护与整治工作以及汪氏小苑的维修工作等,原有的地面各类杆线全部下地,新铺各类管线 5728 米、麻石路面 2900 平方米,沿街拆除不协调建筑近 600 平方米,改造和修缮 4982 平方米,复建始建于明代的东圈门,总计投入 2300 万元。2003 年完成东关街一期修复工程,拆除街道两侧的违章建筑及部分影响古巷风情的建筑物约 1707 平方米,各种杆线、管道全部下地,新铺各类管线 2408 米,麻石、条石路面 2809.33 平方米,沿街安装了仿古灯具 20 套,并对街区内沿街房屋整治及修缮 35 间(其中已收购 15 间),总计投入工程资金约 1650 万元。2004 年

东关街荣获『中国十大历史名街』揭牌仪式

街南书屋石舫

阮家祠堂及其周边整治后新貌

开始二期修复工程，截至2015年，先后完成了东关街二期街景提升、东门遗址城门楼复建、熊成基故居和丁氏马氏住宅修缮、原艺蕾小学地块改址、街南书屋复建主体等工程，工程总投资逾20亿元。2010年，东关街入选“中国十大历史文化名街”。

### （二）仁丰里历史街区保护与整治

1998年起，扬州以毓贤街改造为开始，开展仁丰里历史文化街区保护与整治，坚持文化发展与古城保护的“双赢”，加快了保护和利用古城的步伐。以仁丰里为核心，设计了汶河古巷游线路，通过机关部门、旅游专业部门多方推介，扩大了名城老街巷的知名度和吸引力。在老街巷设置历史文化信息解读牌80余块，方便市民和游人了解老街巷蕴藏的历史文化信息，常常吸引市民和游客驻足；收储民居民宅，打造民居客栈，形成了包容原住民生活味道、富含原生态风情的旅游承载功能。与文化博览城建设领导小组、市总工会、市老干部局等部门联合开展万人游古巷活动，联合市文联、市作协、市诗词协会等部门开展多次采风活动，通过多样化的活动增强古城的影响力。以原住民、社区干部为主，建立了五十余人的旅游志愿者队伍。推出古巷游雏鹰导游大赛，对一百二十多名小学生进行古巷游知识和能力培训，从而优化了旅游志愿者的梯次结构。聘请文史、园林、非遗等方面的专家学者为名城文化传播大师，开设名人讲名城课堂。开发文化旅游产品，融入本土文化，打造文化名人大师工作室。已有剪纸、古琴、书法、收藏四个类别的文化名人大师工作室4个，在建藏文化、文学评论、书画、合唱艺术、根雕等五个类别的文化名人大师工作室5个。

### （三）南河下历史街区保护与整治

2006年扬州开展南河下历史街区保护与整治工作，积极探索文物保护新模式。

一是对南河下片区内盐商大宅、明清会馆、名人故居等文物资源，严格按照相关规划和文物保护的要求，征求古建专家、文物保护专家和民俗专家的相关意见建议，对各类文物进行保护性修缮，将文物保护与科学利用相结合，利用文物建筑形态和整体风貌，大力发展文博展览和文化创意产业，确保与历史原有气质相吻合。通过建筑的退线控制、高度控制、环境要素保护等，对古城内的街巷肌理和尺度进行保护，确保街巷保持原有的形态。

二是探索利益共享新模式。通过出台相关扶持政策，鼓励居民积极参与民居客栈建设，从而增加居民财产性收益；通过徐凝门路整治及业态调整，引导居民积极参与街区保护改造工作，配套相关业态获得收益最大化；重点做好街巷整治、节点改造等工作，完善相关配套设施，进一步改善居民生活环境和居住条件，提升居民的归宿感和幸福感。

三是探索古城旅游新模式。通过旅游产品及旅游线路的设计，让游客到南河下来不仅能够看到盐商文化，更能和当地的原住民进行交流互动，

南河下街石板路（王虹军摄于20世纪90年代）

扬州清曲演唱

让游客切身感受到这是一座活着的历史古城；进一步深入挖掘古城历史文化底蕴，通过设计让每条街巷都活起来，使整个南河下既古朴典雅又宜居宜游，让游客从中寻找对文化遗韵和民俗渊源的深刻感受，增加对盐商奢华生活的切身体验和对市井文化的大胆探索；充分挖掘评话、弹词、清曲、玉器、漆器、雕版印刷、三把刀等扬州传统文化资源，结合文物保护和传统民居，建设扬州传统文化展示体验博物馆。

四是探索营销运营新模式。通过积极与专业营销运营公司合作，整合南河下相关资源，设计体验式、定制式、文化式、亲子式等旅游营销模式，并委托给专业运营公司来运作，真正让游客来了不想走，走了还想来，把南河下打造成为让心归于宁静的古城人家、世界巷城。

### （四）教场历史地段整治

教场地处扬州老城中心地区，位于明清新旧两城的交界处，原为练兵之所。乾隆三十二年（1767），两江总督高晋奏请移教场于城北司徒庙，教场练兵功能消失，场地由徽州盐商黄源德等人召民领建认租，逐步开始建设。乾隆南巡扬州时此处成为御道，商业更趋繁荣，教场成为“两淮精气”所在。沿途高筑新屋，数量不断增加，逐渐成为扬州百业汇集的地方、市民娱乐消遣的场所、文人饮酒休闲的中心。这里的商业繁荣，店肆林立，百技杂陈，人气旺盛，可与北京的天桥、南京的夫子庙、上海的城隍庙和苏州的玄妙观相媲美。随着时代和社会的变迁，上世纪 80 年代后，作为老城中心的教场原有空地几乎被占用，教场这一积淀深厚扬州民俗文化、留在一代又一代扬州人心灵记忆深处的场所已经变成建筑与人口都十分密集的旧城街区，这一历史街区同时还存在着老城区常有的房屋破旧、违章建筑物与构筑物众多、交通堵塞、道路破损、排水不畅等基础设施落后的问题。教场无场，昔日繁荣的百业渐已萎缩、消亡，教场已很难看到店肆林立、人声鼎沸、买卖喧闹的景象。其所蕴藏的历史信息符号、文化底蕴被隐藏和湮没，作为老扬州象征之一的教场失去原有的地位，昔日的繁荣景象逐渐被人们遗忘。

上世纪 90 年代，教场作为旧城改造项目准备实施改造。由于地处古城核心区，改造方案受到多方重视。市规划、文化、建设、房管等部门通力合作，组织了数十家设计单位设计出教场历史街区整治与改造蓝图，并在新闻媒体上向社会进行了公示，广泛征求意见。但这些方案都因难以完整地体现教场的历史风貌等问题，加上争议较多而舍弃。2004 年 6 月，上海证大房地产公司组织国内外资深设计专家参与教场历史街区整治与改造规划的编制，在听取了市领导与专家对规划的初步方案提出的极其中肯的意见后，据此进行进一步完善和修改。2005 年 8 月 2 日，市第六次规委会研究通过由中国美术学院设计的《中国·扬州教场地段整治与更新修建性详细规划》。教场改造按照建设商贸民居民俗文化区的总体要求规划，整治范围东临国庆路、南至参府街、北到萃园路、西枕小秦淮河，项目用地面积 8.08 万平方米，涉及 830 户居民、2000 多人和 40 家单位，项目总投

教场老街旧貌

改造后的教场

老店菜根香(洪晓程摄)

资近3.9亿元。被规划成餐饮区、民俗文化商业区、滨河休闲区、特色酒店客栈区等四大板块。

餐饮区：区域范围为沿萃园路向南至教场广场，南柳巷向东至总门巷；主要经营具有扬州特色的淮扬菜，保留扬州众多著名的老字号，如菜根香、九炉分座、惜馀春等，还引进一些著名地方菜系及各地风味特色小吃；街面式餐饮以及有扬州特色的庭院式餐饮，集聚30多家餐饮名店，是扬州规模最大、品种最多的美食天地。

民俗文化商业区：地处教场核心区域，按历史原样修复的望火楼、古戏台，使教场广场营造出原有的历史风貌，为广大游客了解扬州、体验扬州、享受扬州增添了新景观；沿总门巷向南“L”形的“老扬州一条街”，集中展示老扬州风情和特色的民俗文化，包括三百六十行展示、剪纸、漆器、字画、扬州三把刀等民俗特色；沿国庆路一店一品的精品购物街是扬州最时尚的购物街；区域内还修复扩建了教场浴室，既有传统沐浴文化，又有现代SPA等功能，重振扬州沐浴文化的雄风；另外，还有现代化的大型娱乐城和古典优雅的茶楼等。

滨河休闲区：区域范围为沿小秦淮河、南柳巷向南至新桥；区域内集中设置了酒吧、茶座、咖啡店，在建筑形态、格调、内部装饰上做到一店一品，形成休闲、亲水的氛围，着重塑造扬州夜生活的新概念。

特色酒店客栈区：区域范围为沿碧螺春巷向南至参府街，根据教场自身的街巷体系、城市肌理、建筑风格，特色民居客栈集中体现扬州园林、庭院的精致和秀气，采用院落式与围合式相结合，寻求“老家”的感觉，同时具有悠闲、舒适的特点。项目先行实施居民和单位搬迁和拆迁，腾空项目实施区域内的居住人口，以旧城改造带动改善老城区人居生活环境，体现古城风貌。

## （五）彩衣街历史地段整治

彩衣街是历史文化名城扬州老城区传统风貌保持相对较为完好的历史地段之一，是“中国历史文化名街”——东关街历史文化街区的重要延伸部分，自唐朝以来一直是扬州古城东西向的主要通道，“旧设有制衣局，其后绣货、戏服、估衣等铺麇集街内，故名”。彩衣街全长320米，面积1.54公顷，沿线共有居民、商户91户，建筑面积约6100平方米。但沿线大多建筑较为破败，风貌凌乱无序；多处存在建筑挤占道路红线的现象，交通拥堵情况严重；市政设施隐患颇多，市容管理亟待强化。

为强化对彩衣街片区的保护与发展，优化目前较为凌乱的街景风貌，改善居民生活环境，保持街区的社会、经济活力，扬州市对彩衣街沿线进行了综合整治。围绕“改善居住条件，优化基础设施，保持传统风貌，促进功

彩衣街老建筑的砖雕

改造后的彩衣街

能更新”的整治目标，确定了整治的主要内容包括：对彩衣街沿街两侧民居建筑进行修缮、整治；同步实施道路及沿路基础设施改造和街头小广场景观提升；对沿街两侧广告牌、店牌、店招进行整治。

工程自 2011 年 7 月开工，至 2012 年 4 月底全面完成，对 6 户占压道路红线的民居进行了就地退让改造；共修缮传统民居 31 户，建筑面积约 2800 平方米；对路面进行了改造，铺装青石、青砖传统材质路面 1400 平方米，同步翻建排水、给水管道，新建强弱电管道，将两侧杆线全部下地敷设；实施了街头小广场景观提升，复建砖雕照壁 1 座，新建街标雕塑、透空廊架、四角亭廊等建筑小品 3 组，铺装石材地面近 1500 平方米，新增绿地 200 多平方米，栽植高大乔木 10 余株；对沿街营业用房的空调外挂机、店牌店招、卷帘门进行了集中整治，安装符合古城风貌要求的卷帘门 30 多樘、店牌店招 50 多块，并对外立面统一粉饰出新。

古城保护工作投入大、周期长、涉及面广，在如何将古城保护工作进一步向深度和广度推进，实现古城的可持续更新等方面无例可循，基于此，扬州市在彩衣街整治中进行了大胆实践。采用科学、因地制宜制定保护整治规划、积极鼓励公众广泛参与、着力推进传统民居修缮、重视延续传统生活形态等方式，不仅确保了彩衣街整治中无1户原住民外迁，还节省了近95%、总额约1300万元的拆迁补偿资金。

整治后的彩衣街路通畅、风貌美、更宜居、人文气息更浓厚。“重焕新生”的彩衣街留住了老房子、老居民，而从中透露出最简单、最亲切的市井生活气息，带了新的游客，也积聚了新的商业人气。“谢馥春”、字画装裱等传统老字号、老技艺纷纷入驻彩衣街，古街、老店保留了城市风骨与韵味所在，也吸引了甜品店、连锁经济型酒店等年轻、时尚业态的加盟，为千年古街注入了新的经济活力。这里正逐步成为扬州的又一条传统风貌商业街区。

## 第五节　古城环境品质提升

上世纪80年代前，由于城市建设发展缓慢，老城区无高层建筑，约24米高的文昌阁仍是古城制高点。1978年2月市政府实施“782”工程后，拓宽石塔路、三元路、琼花路，由于城建资金限制，采用了以房带路的建设方法，虽有24米高度的限制，但开发企业从商业利益最大化考虑，新建沿街房屋形成了24米等高线，尤其以原琼花路最为明显。

上世纪90年代市政府拓宽改造南北向主干道汶河路，一些建筑突破了古城限高，其中原黑天鹅商场等建筑因违反规划，擅自超高，受到多方关注，被迫降低层高，但仍有一些建筑突破了古城高度控制，如南通路上的电世界大厦、汶河路上的江隆饭店与电子大厦等。在小街小巷，多处新建的小区也以24米为限高，由于新建建筑以3—6层为主，高容量、高密度、体量较大，并使用了大量的外墙装饰，色彩混乱，与周围环境格格不入，割断街巷肌理和古城整体风貌。

2001 年，扬州市在环境综合整治中，启动古城风貌保护与整治工作，执行更严格的高度控制，除主干道限高外，针对不同历史地段，按照控制性详规，分别制订小于 24 米高度控制方案，严格禁止在老城区及周边风貌保护范围内，建造大容量的建筑群体，通过统一规划设计和整治，运用具有地方特色的传统建筑符号，整改不协调建筑的造型和外观，凸现历史风貌，保持街景建筑天际线高低错落，具有丰富的韵律感，充分体现古典特色。逐条整治主要干道店招、广告牌匾，力求与历史风貌相协调，结合扬州老城区青砖黛瓦的特点，以传统素色为主，在黑白灰的主色调中带有冷暖变化，局部以较鲜艳的色彩进行点缀。按照“一路一灯、一路一景”的要求，古城区共新建、改造各类路灯 3 万余盏，每条道路的路灯造型都形态各异，各具特色，再现古代扬州“夜市千灯照碧云”的盛景。

绿色是扬州的发展主色。扬州在全省第一个提出“生态强市”发展战略，探索出一条经济发展、环境优化、民生改善的生态文明建设新路子，彰显了宜居、宜游、宜创的城市特质。

在扬州的城庆活动中，年近七旬的市民蒋永庆拍摄的一组生态照片

引起了市民浓厚的兴趣，这是一个以《生态扬州　绿色家园》为题的野生鸟类摄影展，在蒋永庆的镜头下，神态各异的鸟儿们，或嬉戏，或捕食，扬州城市的蓝天碧水随之定格。蒋永庆用了三年多的时间，将镜头对准这些会飞的“城市客人”，抓拍了数万张鸟儿“写真”。他精选百余幅汇编成《扬州湿地百鸟风情》画册，市委书记谢正义欣然为画册题字：“小鸟用翅膀为扬州的生态投了票。”

“花钱可以请到人，但环境不好，花多少钱也请不到这些鸟儿，鸟的迁徙是生态环境改善的最好见证。”蒋永庆说。据了解，目前扬州发现鸟类约 200 种，近 30 年来增加 50 余种，其中有国家一级保护动物东方白鹳和丹顶鹤，蒋永庆镜头里的东方白鹳、小鸦鹃、震旦鸦雀、斑鱼狗、乌灰鸫、黑颈椋鸟、黑翅长脚鹬、苍鹭等都是扬州首次记录到的鸟种。

老街要保护，新区要发展，“十二五”以来，扬州古城与新区和谐共生，蓝天碧水与城市神韵和谐相应，先后荣膺国家生态市、国家园林城市、国家森林城市等一系列称号。据中国社会科学院发布的 2014 年《城市竞争力蓝皮书》显示，扬州城市生态竞争力排名全国第 6 位，居江苏省首位。

文昌之夜（茅永宽摄 于 2007 年）

## 第六节 历史文化名城研究

### (一)《中国名城》编辑

1986年,在建设部、国家文物局、国务院经济发展研究中心的支持和倡议下,首届国家历史文化名城学术研讨会在扬州召开,大会形成的会议纪要,后被国务院办公厅转发。会议决定,由扬州市牵头,成立中国历史文化名城研究会,并创办《中国名城》杂志。1987年,全国性历史文化名城研究组织在曲阜正式成立,为中国城市科学研究会二级学会,归建设部主管。时任国务院副总理谷牧专门发来贺电,会议决定正式将《中国名城》作为该组织的会刊,委托扬州编辑发行,并争取早日公开发行。受全国历史文化名城委托,扬州市委、市政府主办了此刊物。

1987年10月,江苏省新闻出版局核发内部报刊准印证,《中国名城》试刊号出版,为十六开本,64页,每年四期,季度发行,内容以历史文化名城保护为主,设有《发展战略》《名城市长谈名城》《规划与建设》《旅游开发》《名城保护》等20多个栏目,时任解放军艺术学院院长、红军诗人魏传统将军为刊物题写了刊名。杂志聘请郑孝燮、罗哲文、侯仁之等一批专家、学者为顾问,成立了以扬州市分管城建副市长为编委会主任,各片区召集城市分管城市建设副市长为编委的编委会,扬州市建委承担了具体的编辑工作。杂志主编由市建委主任兼任。

1991年,《中国名城》改为电子排版,同年,中国城科会历史文化名城委员会秘书处迁至西安。1991年中国城市科学研究会出具委托书至扬州市人民政府,再次确认由扬州承办《中国名城》杂志。1997年,杂志改为大十六开本。同年,由于全国报刊整顿,国家建设部办公厅、中国城科会又专门致函江苏新闻出版局,希望保留《中国名城》。江苏省政府分管省长和秘书长也专门批示,请江苏省新闻出版局予以保留。扬州市委、市政府

2008 年 9 月《中国名城》杂志公开发行首发式

一直致力于解决《中国名城》刊号问题,先后以扬政发〔1992〕8 号文、扬政发〔1995〕325 号文和扬政发〔2002〕155 号文上报省新闻出版局,请求解决杂志刊号。在内刊整顿之际,又发扬政发〔1998〕68 号文和扬政办〔1999〕228 号文至省政府和省政府办公室请求保留《中国名城》的刊号。杂志刊号问题曾引起社会各界的关心,2001 年扬州市人大常委会副主任顾黄初教授等全国人大代表,曾就此问题向全国人代会提交提案。2008 年,经国家新闻总署批准,《中国名城》公开发行,月刊,学术刊物,国际统一刊号 ISSN　1674-4144,国内统一刊号 CN 32-1793/GO。2014 年,《中国名城》增加文化版,改为半月刊。

截至 2015 年,《中国名城》共出版 171 期,刊登文章 3000 余篇,先后为 50 多个历史文化名城刊登了城市专版。2008 年后因改为纯学术期刊,不再刊登城市专版。

| 序号 | 城市 | 专版年份 | 总期数 |
| --- | --- | --- | --- |
| 1 | 宜宾 | 1988 年(三) | 第 4 期 |
| 2 | 承德 | 1988 年(四) | 第 5 期 |
| 3 | 扬州 | 1989 年(一) | 第 6 期 |
| 4 | 荆州 | 1989 年(二) | 第 7 期 |
| 5 | 商丘 | 1989 年(三) | 第 8 期 |
| 6 | 景德镇 | 1989 年(四) | 第 9 期 |
| 7 | 榆林 | 1990 年(一) | 第 10 期 |
| 8 | 洛阳 | 1990 年(二) | 第 11 期 |
| 9 | 大同 | 1990 年(三) | 第 12 期 |
| 10 | 潮州 | 1990 年(四) | 第 13 期 |
| 11 | 漳州 | 1991 年(一) | 第 14 期 |
| 12 | 扬州 | 1991 年(二) | 第 15 期 |
| 13 | 镇江 | 1991 年(三) | 第 16 期 |
| 14 | 武汉 | 1991 年(四) | 第 17 期 |
| 15 | 宜宾 | 1992 年(一) | 第 18 期 |
| 16 | 襄樊 | 1992 年(二) | 第 19 期 |
| 17 | 韩城 | 1992 年(三) | 第 20 期 |
| 18 | 西安 | 1992 年(四) | 第 21 期 |
| 19 | 成都 | 1993 年(三) | 第 24 期 |
| 20 | 随州 | 1993 年(四) | 第 25 期 |
| 21 | 江油 | 1994 年(一) | 第 26 期 |
| 22 | 长沙 | 1994 年(二) | 第 27 期 |
| 23 | 会理 | 1994 年(三) | 第 28 期 |
| 24 | 张掖 | 1995 年(二) | 第 31 期 |
| 25 | 徐州 | 1995 年(三) | 第 32 期 |
| 26 | 遵义 | 1995 年(四) | 第 33 期 |
| 27 | 常熟 | 1996 年(一) | 第 34 期 |
| 28 | 景德镇 | 1996 年(二) | 第 35 期 |
| 29 | 杭州 | 1996 年(三) | 第 36 期 |
| 30 | 歙县 | 1996 年(四) | 第 37 期 |

（续表）

| 序号 | 城市 | 专版年份 | 总期数 |
| --- | --- | --- | --- |
| 31 | 高邮 | 1997 年(一) | 第 38 期 |
| 32 | 扬州 | 1997 年(二) | 第 39 期 |
| 33 | 徐州 | 1997 年(三) | 第 40 期 |
| 34 | 徐州 | 1997 年(四) | 第 41 期 |
| 35 | 南京 | 1998 年(三) | 第 44 期 |
| 36 | 镇江 | 1998 年(四) | 第 45 期 |
| 37 | 武汉 | 1999 年(二) | 第 47 期 |
| 38 | 昆明 | 1999 年(三) | 第 48 期 |
| 39 | 银州 | 1999 年(四) | 第 49 期 |
| 40 | 歙县 | 2000 年(一) | 第 50 期 |
| 41 | 肇庆 | 2000 年(三) | 第 52 期 |
| 42 | 临海 | 2000 年(四) | 第 53 期 |
| 43 | 岳阳 | 2001 年(一) | 第 54 期 |
| 44 | 哈尔滨 | 2001 年(二) | 第 55 期 |
| 45 | 韩城 | 2001 年(三) | 第 56 期 |
| 46 | 丽江 | 2001 年(四) | 第 57 期 |
| 47 | 荆州 | 2002 年(一) | 第 58 期 |
| 48 | 阆中 | 2002 年(二) | 第 59 期 |
| 49 | 天水 | 2002 年(三) | 第 60 期 |
| 50 | 福州 | 2002 年(四) | 第 61 期 |
| 51 | 亳州 | 2004 年(一) | 第 66 期 |
| 52 | 扬州 | 2004 年(三) | 第 68 期 |
| 53 | 扬州 | 2005 年(二) | 第 71 期 |
| 54 | 肇庆 | 2005 年(三) | 第 72 期 |
| 55 | 绍兴 | 2006 年(三) | 第 75 期 |
| 56 | 长沙 | 2006 年(四) | 第 76 期 |

《扬州城建史事通览》书影

## (二)历史文化丛书出版

为推动名城保护工作的深入开展,宣传、研究扬州历史文化,使城市建设具有更丰富、更深刻的文化内涵,1991 年起,扬州市相关部门开始着手整理出版扬州地方书籍。其中有扬州市建委出版的“扬州历史文化名城”丛书,至 2015 年,共出版书籍 40 本,扬州市政协、扬州市文化局等部门及部分个人作者也出版了关于扬州的历史文化书籍近百本。

| 书籍名称 | 出版时间 | 出版社 | 主编 |
|---|---|---|---|
| 《扬州历代名人》 | 1992 | 江苏古籍出版社 | 王　瑜 |
| 《扬州历史故事》 | 1993 | 黄山书社 | 王　瑜 |
| 《历代名人与扬州》 | 1993 | 黄山书社 | 王　瑜 |
| 《扬州大观》 | 1993 | 黄山书社 | 赵　明 |
| 《扬州百镇》 | 1995 | 黄山书社 | 赵　明 |
| 《扬州琼花》 | 2000 | 天马图书公司 | 朱正海 |
| 《盐商与扬州》 | 2001 | 广陵书社 | 朱正海 |
| 《扬州历史名人》 | 2003 | 广陵书社 | 朱正海 |
| 《扬州名园》 | 2005 | 广陵书社 | 朱正海 |
| 《扬州名寺》 | 2005 | 广陵书社 | 朱正海 |
| 《扬州名巷》 | 2005 | 广陵书社 | 朱正海 |
| 《扬州名宅》 | 2005 | 广陵书社 | 朱正海 |
| 《扬州名水》 | 2005 | 广陵书社 | 朱正海 |
| 《扬州名桥》 | 2006 | 广陵书社 | 朱正海 |
| 《扬州名山》 | 2006 | 广陵书社 | 朱正海 |
| 《扬州名图》 | 2006 | 广陵书社 | 朱正海 |

（续表）

| 书籍名称 | 出版时间 | 出版社 | 主编 |
| --- | --- | --- | --- |
| 《扬州名花》 | 2006 | 广陵书社 | 朱正海 |
| 《扬州名店》 | 2006 | 广陵书社 | 朱正海 |
| 《扬州名书》 | 2006 | 广陵书社 | 朱正海 |
| 《扬州名人》 | 2007 | 广陵书社 | 朱正海 |
| 《扬州名城解读》(一) | 2007 | 广陵书社 | 朱正海 |
| 《大运河与扬州》 | 2007 | 广陵书社 | 朱正海 |
| 《图说“双东”》 | 2008 | 广陵书社 | 朱正海 |
| 《扬州建设志（1988—2005）》 | 2009 | 广陵书社 | 王　骏 |
| 《扬州城建 60 年》 | 2009 | 广陵书社 | 王　骏 |
| 《扬州旧影》 | 2010 | 广陵书社 | 王　骏 |
| 《扬州民国建筑》 | 2011 | 广陵书社 | 杨正福 |
| 《扬州当代建筑》 | 2012 | 广陵书社 | 杨正福 |
| 《扬州古城 100 个细节》 | 2013 | 广陵书社 | 杨正福 |
| 《扬州与世界名城比较研究》 | 2014 | 东南大学出版社 | 杨正福 |
| 《扬州名城解读》(二) | 2015 | 广陵书社 | 杨正福 |
| 《扬州城建史事通览》 | 2015 | 广陵书社 | 杨正福 |
| 《乡愁》 | 2015 | 广陵书社 | 杨正福 |
| 《扬州学论文集》 | 2015 | 广陵书社 | 杨正福 |
| 《传统民居活化研究》 | 2015 | 江苏大学出版社 | 杨正福 |
| 《韵河》 | 2015 | 江苏大学出版社 | 杨正福 |
| 《当代扬州城市建设与古城保护研究》 | 2015 | 江苏大学出版社 | 杨正福 |
| 《美食之都扬州研究》 | 2015 | 江苏大学出版社 | 杨正福 |
| 《扬州古城保护案例荟萃》 | 2015 | 广陵书社 | 杨正福 |
| 《扬州老照片》 | 2015 | 广陵书社 | 杨正福 |

### （三）全国性学术活动

1985 年 6 月，“城市经济研究咨询工作会议”在山西省太原市召开。其间，有北京、广州、西安、长沙、成都、扬州、苏州、杭州、拉萨、昆明、南京和桂林等市出席会议，并得到国务院经济发展研究中心等部门的支持和赞许，国家历史文化名城学术研讨会开始筹备。同年，(筹备会)筹备组在扬州成立。

1986年5月3日至7日，首次国家历史文化名城研讨会(筹备会)在扬州召开，会议纪要由国务院办公厅以〔1986〕21号文件向中央各部委、各省、市相关部门批转，全国历史文化名城保护与研究活动由此正式启动。1989年11月1日至4日，在湖北江陵召开中国历史文化名城研究会成立大会暨第二次研讨会，研究会常设机构秘书处作为日常办公和学术管理常设机构在扬州成立。1991年11月9日至12日，中国历史文化名城第五次研讨会暨1991年会在陕西省西安市召开，中国历史文化名城研究会正式定名为中国城科会历史文化名城委员会，常设机构历史文化名城委员会秘书处由扬州市迁至西安市，学术研讨会由一年一次改为两年一次。1995年9月22日至25日，中国城科会历史文化名城委员会第七次研讨会暨1995年会在贵州省遵义市召开，鉴于国家历史文化名城已公布三批99座，为了便于组织和促进地区间学术交流，名城委员会决定偶数年份召开全国

中国城科会历史文化名城委员会五届三次常委会2006年在扬州召开

性学术研讨会，奇数年份召开片区学术研讨会，全国分为华北、华东、西北、西南、中南五大片区，分别由北京、扬州、西安、昆明、襄樊作为召集城市，举办片区学术研讨会。1997 年 11 月 20 日至 23 日，中国城科会历史文化名城委员会第八次研讨会暨 1997 年会在江苏省徐州市召开，扬州市副市长朱泽民在会上介绍扬州古城保护经验。2001 年 8 月 21 日至 24 日中国城科会历史文化名城委员会第十次研讨会暨 2001 年会在黑龙江省哈尔滨市召开，扬州市建委主任赵明宣读历史街区保护论文。2005 年 11 月 5 日至 6 日，中国城科会历史文化名城委员会第十二次研讨会暨 2005 年会在广东省肇庆市召开，扬州市政府副市长桑光裕介绍扬州可持续古城保护经验。2007 年 11 月中国城科会历史文化名城委员会第十三次研讨会在长沙召开，扬州古城保护经验被国家名城委誉为古城保护“扬州模式”。

2008 年建设部将名城委秘书处迁回北京。2012 年 1 月在北京召开中国城科会历史文化名城委员会第十四次研讨会，选举产生第五届名城委主任、副主任委员，北京市副市长陈刚当选为主任委员。

| 活动名称 | 地点 | 时间 | 扬州提交的学术论文标题 | 作　者 |
| --- | --- | --- | --- | --- |
| 首次研讨会 | 扬州 | 1986 | 论古城扬州建港的战略意义 | 马季等 |
| 二次研讨会 | 江陵 | 1989 | 利用名城优势促进名城开放 | 虞振新 |
| 三次研讨会 | 洛阳 | 1990 | 老城区分区规划中的几个关系 | 施国兴 |
| 四次研讨会 | 绍兴 | 1991 | 弘扬名城文化　积极发展“三外” | 施国兴 |
| 五次研讨会 | 西安 | 1992 | 重视革命历史地段的保护、开发与利用 | 施国兴 |
| 六次研讨会 | 襄樊 | 1993 | 保护名城与发展市场经济的思考 | 赵　明 |
| 七次研讨会 | 遵义 | 1995 | 以雄健的步伐迈向二十一世纪<br>——名城扬州的保护建设与发展 | 朱泽民 |
| 八次研讨会 | 徐州 | 1997 | 历史文化名城与可持续发展 | 朱泽民 |
| 九次研讨会 | 昆明 | 1999 | 古城扬州的城市环境风貌的建设 | 朱泽民 |
| 十次研讨会 | 哈尔滨 | 2001 | 浅议历史街区保护 | 赵　明 |
| 十一次研讨会 | 成都 | 2003 | 围绕目标　建设名城 | 桑光裕 |
| 十二次研讨会 | 肇庆 | 2005 | 努力建设具有鲜明个性特色的历史文化名城 | 桑光裕 |

（续表）

| 活动名称 | 地点 | 时间 | 扬州提交的学术论文标题 | 作　者 |
| --- | --- | --- | --- | --- |
| 十三次研讨会 | 长沙 | 2007 | 扬州历史文化名城保护 | 桑光裕 |
| 十四次研讨会 | 北京 | 2012 | 历史文化名城保护扬州经验 | 陈　扬 |



### （四）历史文化名城解读

扬州在2500年历史长河中留存下的故事、传说数不胜数，由于年代久远，时光流逝，许多故事已不为寻常百姓所熟悉、认知。自20世纪80年代以来，园林、文物、宗教、房管等部门在所辖景点范围内对文物古迹等做过一些诠释，古城区街道办也曾在街巷口用马赛克刷红字的方式介绍过扬州部分街巷、古迹，由于各部门各行其是，效果欠佳。

名城解读标牌

为了让国内外游客在扬州游览过程中充分感悟、认知扬州的悠久历史和灿烂文化，提高市民名城保护意识，彰显城市文化个性，2004 年 7 月 2 日，中共扬州市委书记给有关市领导写信建议：“在古城内实施历史文化名城解读工程，解读扬州名城历史底蕴，展示名城文化内涵，让市民提高名城意识，让外来游客认同名城文化，推进扬州市建成古代文化与现代文明交相辉映的名城。”信中还建议此项工作由市城市环境综合整治办公室（简称“市综治办”）牵头。7 月 20 日市综治办召开专门会议研究该项工作的实施，并形成实施意见，上报市委、市政府。

2004 年 9 月，市政府决定在城市环境综合整治中，启动实施“历史文化名城解读工程”。名城解读工程范围确定在扬州老城区和蜀冈－瘦西湖风景区内。根据各部门职责，该项工程的实施，共涉及市建设、规划、房管、园林、文物、宗教、教育、商贸、工艺美术总公司等部门，并由市委宣传部及广陵区政府、维扬区政府负责广泛宣传、发动老城区居民理解、支持“历史文化名城解读”工作。

2004 年 12 月，市委、市政府成立扬州市历史文化名城保护与利用、改造与复兴工作领导小组，下设办公室（简称“市古城办”）。在古城办专门设置历史文化名城解读工作组，工作组由市建设局与市文物局有关人员组成，负责实施该项工作，并征集设计“历史文化名城解读”标志。市建设局与市文物局牵头，组成专门的撰写班子，由《中国名城》编辑部承担名城解读文字的组织撰写工作，通过专题调研，撰写出《历

名城解读标志

史文化名城解读工程文稿》，并邀请文物保护、地方史研究方面的专家学者汤杰、朱懋伟、杨其元、丁家桐、晏炳森、韦明铧等集体审读，斟词酌字，力求解读文稿史料准确，雅俗共赏。市古城办将历史文化名城解读资料分批公示，在新闻媒体上定期刊登，在闹市区设立"公示牌"，广泛征求意见，接受社会各界的批评指正，并报请市文物局审批后形成定稿。

首批"历史文化名城解读"工程，内容以各级文物保护单位为主（计88处），还包括39处各类遗址、58处古街巷、3处古井、12处老字号、25处名人故居、5处古书院和学校、32处古城址、11处其他古迹，总计273处，基本完成位于老城区各类古迹的解读。解读对象涵盖官衙、城门（关隘）、革命纪念地、会馆、名人故居、墓葬、老字号、寺庙（祠堂）、书院（学校）、住宅园林、亭台楼阁、砖刻门楼、街巷（地名）、河道（码头）、古井、桥梁、古树等等。2010年后开始名城解读二期工程，截至2015年底，共展示解读点528处，其中勒石5处，建碑座29处，挂牌494处。

名城解读标牌

第四章

# 古城保护与复兴的“扬州智慧”

每逢佳节，位于扬州古城核心地带的东关街便灯如海、人如潮。仅有1122米长的东关街往往会涌入近10万人次的游客和市民。他们或赏花灯，或品扬州特色小吃，或逛沿街的特色小店，感受着古城扬州节日的热闹气氛和文化韵味。

不到东关街不算到过扬州。但谁能想到，仅仅几年前，这里还是一条破败杂乱的老街。如今，老街已经成为一扇古城元素集萃的人文窗口，人们置身其中，如漫步绵延不绝、穿越千年历史的文化长廊，传统文化触目可及，古韵古风扑面而来，令人感受到扬州古城的古朴典雅、大气从容。

东关街先后被命名为“中国历史文化名街”“国家AAAA级旅游景区”，成为扬州古城文化旅游的新热点。东关街的变迁仅仅是扬州古城保护与复兴的缩影。敬畏历史、敬畏文化、敬畏百姓的三个“敬畏”，是破解历史文化古城保护与复兴这一全球性难题的“扬州智慧”的三把“钥匙”。

## 第一节　敬畏历史　谨慎保护

古城保护、复兴一直是世界性难题,有的大拆大建,结果人们说它太假,丢失了城市固有的历史文脉与价值;有的固守传统,人们说它太旧太破,不能充分体现出对现代人的吸引力。扬州人对古城保护与复兴有一个精妙的比喻:这就像给小姑娘开双眼皮,开得好提升形象,开得不好就是一个败笔。

与国内外其他古城一样,扬州古城存在着基础设施老化、房屋年久失修、配套设施缺乏、居民住房拥挤、居住环境较差等一系列问题,如何既有效保护古城,又改善古城居民居住环境,使古城重新焕发活力,不仅是一个全世界共同关注的课题,同时也是扬州城市发展面临的一个根本命题。

为应对这一根本命题,扬州通过更新观念、创新思路,按照“把扬州建设成为古代文化和现代文明交相辉映的名城”的要求,明确了“护其貌、美其颜、扬其韵、铸其魂”的古城保护与复兴的思路:

——整体控制。对5.09平方千米的明清老城区进行整体保护,全面保护老城区的整体传统格局与风貌。

——积极保护。按照点(文物古迹、有较高历史价值的传统建筑)、线(水系、传统街巷)、片(传统建筑群)、面(历史街区)结合的方式,积极保护有价值的历史遗存及其环境。

——合理保留。保留并整治虽然建筑质量较差,但具有一定地方特色的建筑,以及建筑质量较好但与传统风貌不够协调(尚未产生强烈冲突)的建筑。

——全面改善。对老城区进行逐步整治,使老城区的交通状况、市政基础设施及生活居住环境质量得到全面改善。

扬州通过以上四原则的实施,努力推进古城保护与复兴,不断完善着以18.2平方千米唐宋城遗址为保护范围、以5.09平方千米明清古城为保护重点的古城保护体系，在保持古城传统格局和风貌、传承和展示历史文化、改善老城区居住环境、提升城市文化品位等方面取得了明显成效。这一做法也得到国内专家的肯定，被誉为“扬州模式”。

这一成绩的背后是扬州历届城市管理者敬畏历史，坚决避免“破坏性建设”“破坏性保护”的持续努力。

扬州一直高度重视古城保护工作。1949 年 1 月 25 日扬州解放，军管会于 2 月 10 日即发出保护名胜古迹的“一号通令”；1986 年，扬州又与长沙、曲阜等城市一道率先倡议成立名城研究会，以推动名城保护的研究和探索；1992 年，扬州市委、市政府作出重大决策：“跳出老城建新城”，这为古城保护与城市发展提供了足够的空间；2000 年，市人大作出决定，在老城区保护专项详细规划出台前，停止老城区内的任何开发性建设……

自 1956 年以来，扬州先后编制了 3 次城市总体规划，每次总体规划中都包含了古城保护专项规划。经过多年实践，确定了名城保护的总体思路

新中国成立初的苏北行政公署

和老城区保护的总体框架。在城市总体规划的指导下，又专门制定了古城保护规划纲要，编制了老城区 12 个街坊控制性详细规划并通过了市人大的审议。扬州由此形成了以总体规划、专项规划、详细规划、修缮方案为主要内容的规划体系，点线面相结合，保护历史街区的体系、肌理以及生活形态，为古城保护提供了科学的依据。扬州建设部门的负责人说："我们把古城分为 4 个历史文化街区、12 个片区，规划几乎覆盖了每平方米。"一批又一批国际、国内城市建设规划大师云集扬州，给美丽的古城留下了一流的规划理念和智慧。

为了慎重对待古城，扬州以"双东"（东关街、东圈门）地区为历史街区整治试点区域，稳步推进，积累经验；同时，以文化里地块为民居整治试点，对符合保护规划要求予以保留的每一户民居都按照"保护传统风貌，内部设施配套，周边环境整好"的要求，制定修缮规划方案。由此形成了以总体规划、专项规划、详细规划、修缮方案为主要内容的规划体系，为古城保护提供了科学依据。

古城保护是一项内容纷繁复杂的事业，依靠任何一个主体单方独行，都是无法有效完成的，需要聚集和整合各种资源，动员一切力量广泛参与。城市政府的主导地位决定了其对城市公共事务责任重大；历史文化遗产的保护牵涉到各种科学技术，离不开专家的设计和指导；市民因为一方面有着利益关联，另一方面城市的主人翁地位决定了他们是城市改造的参与主体。

2004 年，扬州市委、市政府成立了扬州市历史文化名城保护与利用、改造与复兴工作领导小组，由市委、市政府主要负责人担任领导小组组长，有关职能部门和地区的负责人任领导小组成员，负责古城保护工作方面的决策和协调；下设专门的办公室（古城办）负责古城保护日常工作的开展。在古城保护与复兴过程中，扬州始终坚持借助外智提升规划、建设和管理水平，聘请了包括阮仪三在内的众多知名专家为扬州古城保护与复兴提供

修缮前的逸圃

修缮后的逸圃全貌

决策咨询。2002 年以来，又和德国开展合作交流，汲取国际最新的古城保护理念，提升古城保护水平。

在扬州，广大市民倾心支持古城保护，不仅自觉搬离古城保护规划内的房屋，而且想方设法保护文物。2007 年，市政府启动“双东”街区的保护与整治，原居住在逸圃的居民不仅响应政府号召腾迁出了逸圃，而且主动保护老宅内的文物。原居住在逸圃小楼的彭向羚发现破旧房壁上有套瓷画，十多年来，她始终没有动过出卖的念头。迁走之前，她特地将保护十多年的 12 幅清代瓷画交给政府。这些对古城充满爱心和有着保护古城自觉意识的市民，正是古城保护的力量所在，同时促使政府决策更加审慎。

无数“流行语”见证扬州人古城保护之谨慎。他们说，整治历史街区，只“补牙”（修缮危房）、“拔牙”（剔除有损古城风貌的建筑）、“镶牙”（完善古城功能设施），不“换牙”（推倒重来），做这些“牙科手术”，宁可慢些不能做错。

无数细节印证扬州人保护古城之决心。文昌路横贯市区，路边不时闪现古树、古塔，“镇守”市中心的则是扬州地标——文昌阁，而让这些古树、文物给车流让路的念头，一次次被否决。许多古城竞相“攀高”，不惜破坏

扬州迎宾馆

古城天际线，扬州则不打折扣地“限高”。瘦西湖周边盖新楼，先要把气球放到设计高度，若在景区内望见气球，建筑物必须降低高度。因此，为保护古城视觉走廊，包括扬州迎宾馆在内，多座建筑被迫自降“身高”。



东关街的“土著”居民赵立昌老人世代居住在东关街，他见证了老街的演变和发展，更是为保护古街不遗余力。如今，他虽已不在东关街居住，但是依然对东关街充满了感情。

1983年的一天，时任城南房管所所长的赵立昌，接到市医药公司的报告。对方说，作为医药公司仓库的汪鲁门盐商住宅，因为年久失修，老房子非常危险，要拆除重建。赵立昌立即带人来到了现场。在现场，赵立昌立即被成片的恢宏住宅群所震撼。房子共有九进，绵延百米，存有明代构架痕迹，其中楠木大厅构架主体具有扬派建筑特色，细节上又有徽派建筑的元素，两者相融。

汪鲁门住宅（孙黎明摄）

赵立昌认为，要是拆了这片古建筑，那将会是一个永远的遗憾，对不起祖宗，对不起子孙。于是，赵立昌告诉对方：坚决不能拆，我保证维修后房子不会倒塌。他现场办公，立即制定了加固维修技术方案。就这样，汪鲁门盐商住宅得以保存下来。经过几年的努力，汪鲁门盐商住宅终于以新的形象出现在世人面前，并成为扬州大运河申遗的一个“见证者”。

赵立昌呼吁保护的古建筑，远不止汪鲁门盐商住宅和东关街，岭南会馆、汪氏小苑、梅花书院、东圈门……赵立昌都专门做过调研走访，实地考察，最后形成自己的保护修缮意见，提供给有关部门参考，许多宝贵的意见都得到采纳。

汪鲁门盐商住宅只是扬州投入巨资修复保护历史建筑的一个缩影，还有更多的扬州人在为保护古城默默无闻地奉献着……

古城保护专家、同济大学教授阮仪三说，扬州控制古城环境卓有成效，古城历史格局得以基本完整存留，这在全国历史文化名城中极为少见。这是对扬州敬畏历史、审慎保护古城的高度评价。

## 第二节　敬畏文化　彰显特色

扬州不与其他城市比GDP，经济总量不是决定扬州未来在长三角地区突出的一个主要力量，文化才是扬州的最大优势，扬州的主要力量是文化，这样才能提升城市核心竞争力，才能在长三角城市群中抢占优势地位。

基于以上认识，扬州致力于挖掘整理城市内涵，传承城市文明内核，

2011年扬州世界运河名城博览会（李斯尔摄）

展现城市个性，不与其他城市比规模、比高楼、比洋气，而是比特色、比文化、比内涵、比秀气，着力彰显“人文、生态、宜居”的城市特质和个性魅力，努力打造散发着书卷气和人文精神的秀美城市。

古城是城市文化遗产集中体现的地方，扬州人深知，文化古城，历史是根，文化是魂，古城“形”“神”难分，只保有形建筑，不保无形文化，古城便少了“精气神”，少了文化滋养，“护其颜”也难以持续。

2003 年，扬州响亮提出打造“文化扬州”。2006 年，又作出建设扬州文化博览城的决定，随后于次年 1 月公布《扬州文化博览城建设规划纲要（2006—2020）》。为集中挖掘、提升和展示古城“文化含量”，打造文化名城，扬州以文化博览城建设为重点，全面推动文化建设保护工程。对古城 300 多处文物古迹、名人故居、名人名园、古树名木、特色街巷，通过标牌、立碑等方法对其历史史实、文化特点和审美价值进行诠释，增强历史文化

广陵琴派史料陈列馆（丁春晴摄）

2010 年 4 月国家旅游局AAAAA级景区集中授牌仪式在扬州举行(瘦西湖景区管委会提供)

的可读性,唤起市民对古城历史的记忆,增强游客对古城历史的认同感。

根据《扬州文化博览城建设规划纲要(2006—2020)》,加强对各类文博资源的整合和开发,到 2020 年,高水平地修建 100 多个充分体现扬州地方特色的博物馆、纪念馆、名人故居和古文化遗址广场等文化博览场所,打造在国内外具有较高知名度和影响力的文博城品牌,以提升城市品位和形象,促进文化、生态、旅游、经济的全面、协调和可持续发展。

扬州悠久的历史和盛世的繁华,也为扬州积淀了灿烂辉煌的非物质文化,如扬州学派、扬州画派、扬州戏曲、扬州工艺、淮扬美食等,这些不仅在中国文化领域独树一帜,也在中华文明史上占有重要地位。截至目前,扬州市共有联合国教科文组织人类非物质文化遗产代表作 3 项、国家级非物质文化遗产名录 19 项(在江苏省名列第二)、江苏省非物质文化遗产名录 46 项。扬州注重非物质文化的传承、展示和以保护文化传承人为主的活态保护。尤其在扬州工艺方面,通过设立大师工作室,兴建非物质文化遗产集聚区,推动工艺企业“反向改革”(民转公)、政府制度化奖励“师带徒”等方式，给传统工艺注入了新的活力。

扬州是具有2500年历史的国家级历史文化名城，古城是重要的旅游资源。市委书记谢正义说：“旅游名城是建设世界名城的永久性标志，旅游业是扬州永久性基本产业。如何发展好旅游业，体现着‘扬州智慧’。”

瘦西湖之于扬州，无疑是“大家闺秀”，是扬州古城的“第一名片”；之于中国，无疑是“国之瑰宝”，堪称中国湖上园林的杰出代表。

2012年，市委六届三次全会明确提出“把瘦西湖景区打造成能够代表中国园林最高水平、能够提供国际标准服务、能够得到国内外游客普遍赞誉的‘世界级公园’”的目标。2013年，蜀冈-瘦西湖景区扩容至34.6平方千米，市委、市政府全面拉开了景区建设的步伐。近年来，蜀冈-瘦西湖景区以“世界级”胸怀，追求“最扬州”味道，高起点规划、高起点设计、高起点建设，拉开世界级公园框架。

“两堤花柳全依水，一路楼台直到山。”如果说瘦西湖是中国湖上园林的杰出代表，蜀冈则是扬州文化的精神高地。规划并恢复十里蜀冈生态绿廊，推进蜀冈中西峰自然生态修复和历史风貌恢复工程成为景区建

瘦西湖鸟瞰

东关街工艺品店（蒋剑峰摄）

长乐客栈（周峙摄）

设的重中之重。根据规划，蜀冈生态修复工程将唐子城、观音山、双峰云栈、大明寺、平山堂及隋炀帝墓等历史遗迹串联起来，并集佛教文化、诗词文化、书画文化、建筑文化、园林文化、水文化于一体，形成扬州城的文化"基因库"。

不久的将来，蜀冈－瘦西湖景区将重现三峰相连、峰峦叠嶂的历史风貌，向人们展示北冈南湖、湖光山色的独特魅力；再现十里蜀冈生态绿廊的盛景，打造千年古城扬州最大的"绿肺"，成为扬州市民健身游览、游客流连忘返的生态乐园；隋炀帝墓、唐子城、大明寺、平山堂等重要历史遗迹的挖掘和展示，将让扬州2500年的历史文化更加完整、系统、生动地呈现在世人面前。

"让古城宜居宜游"，市规划局总规划师刘雨平提出，在古城更适合用"见缝插绿"的方式，应规划新增小游园、小广场，扩大绿化面积，增加市民活动空间。

"园林多是宅"曾是老扬州精致生活的历史镜像。近年来，古城区冒出数十座私家庭园。它们的主人多为普通市民，他们在自家院子里修造小园林，充分展示"青砖小瓦马头墙，飞檐翘角花格窗"里现代扬州人的精致生活。

从宜居到宜游，古城正在吸引年轻人的眼球。越来越多的青年创业者

2007年古运河花船巡游(茅永宽摄)

借助扬州发展文化旅游的春风,在扬州古城展开了自己创业的梦想。

从单纯的旅游工艺品商店,到酒吧、咖啡吧、奶茶店等多种业态经营,短短几年时间,扬州古城街区的商业业态发生了很大变化,尤以东关街最为典型。如今,这条街洋溢着浓郁的休闲文化气息,门面已是一铺难求,老街变得更加“小清新”。

借助古城浓郁的文化氛围,一批民居客栈如雨后春笋般涌现,吸引着来自全国乃至世界的画家、作家、书法家等艺术创作者,以及众多旅游者。

如今,5.09平方千米的明清古城作为扬州城市记忆的活态标本,不仅街巷体系、历史风貌得以完整保留,而且历史文脉得以延续,发展动力不断增强,成为中国东南沿海地区规模最大、保存最为完好、最有“中国味、文化味、市井味”的历史城区,成为展示历史文化名城内涵的核心区、体现城市文化旅游特色的示范区、功能完善的中国传统民俗生活体验区,海内外游客感叹“Find China in Yangzhou”。

2014年6月22日,中国大运河正式列入世界遗产名录。作为中国大运河申遗牵头城市,扬州先后迁移近百家企业远离运河,建设十余个防污治污项目,设立南水北调东线水源区国家级生态功能保护区,打造古运河风光带,修缮保护运河周边历史文化遗存……一系列举措,不仅使大运河活起来、净起来，更让其所蕴藏的创新气质和历史风貌得以凸显。全程参与、见证大运河申遗的原市文物局局长顾风说，大运河申遗为我们提供了从世界遗产角度看扬州，以国际标准重新审视各方面发展现状与潜力的机会，并以全球标准自我要求提升。

“大运河申遗成功更重要的意义在于保护、合理利用开发这条运河，让后人能享受历史遗存，感受文化魅力。”市旅游局副局长王明宏说，“国际范儿的运河，将更大程度地打开扬州的远程国际旅游市场。”

作为大运河申遗牵头城市，随着申遗成功，大运河必将成为扬州又一张闪亮的城市旅游名片，成为展示中国运河文化的窗口。

## 第三节 敬畏百姓 以人为本

扬州在古城保护与复兴过程中，坚持以人为本。市委书记谢正义多次明确指出，古城保护与利用的一切工作要围绕人、为了人。“那种见城不见人、为保护而保护的想法和做法，失去了城的本质，必然会失去城市发展的动力。”

与大多数其他古城一样，扬州古城也存在人口老龄化、年轻人大量流失、房屋破损、公共基础设施差、人居条件差，从功能看已不能适应现代生活需要等问题。老百姓住在古城，对于古城有深厚的感情。正视他们改善生活的诉求，古城保护才能赢得支持。古城区原居住着12万居民，这些居民大多收入不高，没有能力到新城区购买商品房。因此，扬州坚持将老城区居民居住条件的改善作为古城保护的基本目标之一。

一方面，对住房符合古城保护规划要求的家庭，政府相关部门帮助该户制订修缮方案，安排建筑专家指导修缮工作，并按照修缮所需资金总额的30%予以补贴；另一方面，对住房不符合古城保护规划，必须搬迁的家庭，政府在新城区兴建“安居房”“定销房”和“限价商品房”，通过从宽安置住房面积、给予购房资金补贴、提供限价商品房、安排廉租房或租金补贴

首批解困定销房发钥匙仪式

等多种措施,使住房拥挤家庭、低收入家庭、贫苦家庭和特别困难家庭等各类人群的住房问题得到妥善解决。通过多年的努力,有效地改善了古城区符合古城保护规划要求的数千户家庭的住房条件,古城区逐步成为居民安居乐业的场所。通过做“减法”,将老城区住房不符合古城保护规划的数万居民逐步疏散出去,有效减轻了古城负荷。

此外,扬州深知古城保护也要保人脉。见城不见人,将原住民统统赶走,腾出空间搞旅游,就违背了古城保护的原则。原住民的生活方式是古城风貌的重要标识。留下原住民,改善其生活质量,无疑是最佳选择。承担扬州古城民居改造的中德合作项目专家朱隆斌认为,有别于其他城市的古城改造,扬州东关街最大的特色是“活的”,“因为它充分保留了居民的生活状态和历史印迹”。

2000 年起,扬州选择“双东”历史街区作为试点区域,实施街巷翻建、设施配套、文物建筑整修、居民搬迁等项工作；2002年，扬州审议通过双东历史街区在内的老城区12个街坊控制性详细规划，其后进一步制定完善了“双东”街区保护修缮方案；在此基础上，从2007年下半年开始，扬州全面启动了“双东”历史街区保护与建设工程，编制完善了“双东”街区综合整治规划，并制定了沿街每户民居的修缮方案，实现了古城保护由点、线保护向片区整体保护的转变，古城街区的历史风貌得到初步展现，尤其是百姓居住环境和生活条件得到了极大改善。

古城的街巷体系和生活服务设施是按古人生活方式设计建设的，近现代以来，古城基础设施建设虽也与时俱进，但居民的生活方式没有发生根本性改变。古城居民迫切期盼基础设施、生活服务设施改造。在做“减法”的同时，政府又做“加法”，即在保护古城风貌的前提下，通过“有机更新”的方式逐步改善古城区内市政基础设施条件，消除安全隐患，让留下的人

黄金苑安置小区

过上现代生活。从 2009 年开始，对老街巷、老宅子以及市区 1996 年以前建成、有一定规模的老小区进行整治，采取“自主参与、政府补贴”的方式，对古城数百户危旧房进行了修缮；对古城区的水环境进行了系统地修复与涵育，在古运河河道两岸建设滨水慢行步道和户外篮球场等设施，为广大居民提供休闲健身场所。

马家巷顾麟德老人的家是东关街第一个实施民居改造的老宅，2 万多元的改造费用，他家仅拿了一小部分，如今，他家的院子里“地窨子”连通到了下水道，厢房做了厨房间和盥洗室，家里装上了抽水马桶、淋浴器，过上了现代人的生活。扬州还与德国技术公司合作，对 12 个历史街区规划保护的每幢民居，拿出方案逐一修缮。上千户古城民居完成修缮，政府为之投入超过 10 亿元。

2015 年是扬州城庆 2500 周年，按照市委全会部署，突出“一水一电一

示范小区文昌花园

消防”，集中力量干几件大事，让广大老城区居民及游客能切身感受到古城保护与更新提升带来的“福利”。

古城保护的特殊性决定了绝大部分的改造更新资金必须依靠政府投入，特别是在基础设施的改造和公共服务设施的完善上。对此，扬州积极探索多元化投资的路子，拿出可以利用的资源吸引民间资本投入，把可以社会化经营的管理和服务交给市场，让市场在资源配置和服务品质提升上发挥决定性作用。从实际效果来看，扬州的探索是成功的。

“古城保护应该得到居民的参与和支持”，这是《华盛顿宪章》所倡导的原则，扬州将“应该”一词换成了“必须”。在扬州，绝大多数老城区的居民怀着对文化的敬仰、对政府的支持，舍小家顾大家，全力支持古城保护与复兴。同时，政府积极推动基于“社区参与”与“居民自助”的古城更新机制，实现社区居民的高度参与，开创了以人为本、和谐创新的古城保护与更新模式，极大地增强了居民对城市的认知感、认同感，进而产生自豪感、优越感和归属感。

2006 年，由于扬州在古城保护中，解决百姓住房困难、改善人居环境所取得的突出成就，荣获联合国人居奖，成为当年国内唯一获此殊荣的城市。扬州在保护了古城历史风貌和彰显特色的同时，也创造了极佳的人居环境。扬州的努力与坚持，不仅得到了全世界的肯定和赞誉，更为城市未来的发展奠定了良好的基础。

# 扬州古城保护与复兴大事记
# （1982—2015）

## 1982 年

2 月 8 日，国务院批准扬州为全国第一批公布的 24 个历史文化名城之一。

2 月 22 日，个园正式对外开放。

3 月 28 日，省政府颁布《关于重新公布江苏省文物保护单位的通知》，对全省文保单位进行了调整补充，扬州地区大明寺、个园、唐城遗址、天宁寺、何园、小盘谷、普哈丁墓等 23 处列为省级文保单位。

6 月 29 日，市政府公布全市第二批文物保护单位名单，计有古邗沟遗迹、观音山、城隍庙、清代盐商汪鲁门住宅、清吴道台宅、汶河南路明代楠木厅、文公祠、紫竹观音庵、萃园、杨氏小筑、朱自清故居、冶春园、莲溪墓、朱良均烈士墓、长生寺阁、盐运司衙署门厅、南河下楠木大厅、兴教寺大殿。

## 1983 年

7 月，市政府决定在“西园曲水”“卷石洞天”旧址筹建扬州盆景园，由市园林处组织施工。10 月，动工迁建东关街 400 号明末清初大厅 3 楹到“西园曲水”东侧，复建为“濯清堂”，在水池北端新建“浣香榭”。10 月 8 日，市园林处正式组建扬州盆景园。

12 月，由中国建筑学会规划、环保、建筑园林学术委员会联合召开的历史文化名城保护学术讨论会在扬州举行。

### 1984 年

维修五亭桥。

### 1985 年

9 月 30 日，经国家城乡建设环境保护部和中国船舶工业总公司磋商决定，将 723 所占用的何园住宅部分及片石山房遗址移交扬州市园林处整修。

### 1986 年

9 月，建成盆景园“西园曲水”门厅、“栖鹤亭”和“濯清堂”东首廊亭以及维修石舫、拂柳亭等。10 月 1 日，扬州盆景园对外试开放。

10 月 9 日，成立扬州市瘦西湖景区建设办公室，立项在“春台明月”旧址复建以熙春台为中心的二十四桥景区。

### 1987 年

10 月 1 日，何园住宅部分经整修后对外开放。

是年，小秦淮河、北城河进行清淤，砌建两岸块石护坡、混凝土栏杆和沿河小道。

### 1988 年

1 月 13 日，何园、个园被国务院公布为第三批全国重点文物保护单位。

1 月 26 日，国内唯一专门研究历史文化名城保护的刊物——《中国名城》在扬州创刊，向全国 62 座历史文化名城发行。

1 月 27 日，扬州博物馆在新址天宁寺试开放。

5 月 22—25 日，美国城市规划代表团一行 8 人，由美国住房部国际事务部部长助理布立登率领，在扬州考察城市规划和古城保护。

8 月 1 日，蜀冈－瘦西湖风景名胜区被国务院公布为第二批国家重点风景名胜区。

10 月 1 日，“卷石洞天”门厅及附属用房建成，扬州盆景园对外开放。

12 月 12 日，瘦西湖二十四桥景区主体建筑熙春台及游廊、十字阁复建竣工。

是年，瘦西湖小金山后建成石拱玉版桥。

## 1989 年

10 月 1 日，何园“片石山房”修复竣工。是日，扬州盆景园“群玉山房”“薜萝水阁”及游廊等建筑重建竣工。

12 月 30 日，瘦西湖大虹桥、小金山及湖中岛屿水下驳岸工程竣工，全长 1874 米。

## 1990 年

5 月 1 日，扬州盆景园“卷石洞天”景点复建竣工，对外开放。

9 月 30 日，具有隋唐建筑风格的旅游景点——成象苑对外开放。

## 1991 年

5 月 5 日，乾隆水上游览线首航。同月 10 日，中央新闻电影制片厂专题摄制瘦西湖乾隆水上游览线纪录片。

9 月 16 日，蜀冈－瘦西湖风景名胜区管理委员会成立。

10 月 16 日，市政府转发《扬州市蜀冈－瘦西湖风景名胜区管理办法》。

## 1992 年

10 月 16 日，朱自清故居（安乐巷 27 号）对外开放，中共中央总书记江泽民为朱自清故居题名。

## 1993 年

2 月 5 日，全国政协副主席、中国佛教协会会长赵朴初视察扬州，参观瘦西湖公园，并题写“石壁流淙”“蜀冈朝旭”景区名。

8 月 27 日，大明寺栖灵塔重建工程破土动工，塔体 9 层，塔身方形，主体为钢筋混凝土结构与木结构相结合。总建筑面积 1865 平方米，塔体高 62.45 米，总高 73 米。1995 年 12 月 28 日竣工。

11 月 22 日，扬州八怪纪念馆开放。

## 1994 年

7 月 12—14 日，建设部在扬州召开《蜀冈－瘦西湖风景名胜区总体规划》评审会并原则通过该规划。

10 月 19—21 日，第五届全国友好古城文化联谊会在扬州举行。会议就提高名城保护意识、处理好古城保护和改善市民居住条件关系、加快文化事业发展展开研讨。来自 19 个历史文化古城的代表考察扬州的旧城改造和新城建设情况。

## 1995 年

1 月 10 日，位于“乾隆水上游览线”源头的御马头拓宽改建工程开工，当年 6 月 21 日竣工。

## 1996 年

2 月 14 日，二分明月楼修缮后开放。

6月 3 日，瘦西湖北区建设征地 3.76 公顷。其中瘦西湖东岸 3.19 公顷，西岸 0.57 公顷。

## 1997 年

1 月 3 日，扬州城遗址（隋—宋）被国务院定为第四批国家重点文物保护单位。

7 月 1 日，扬州宋大城西门遗址博物馆动工兴建。次年 10 月 1 日建成开放。

11 月 8 日，扬州唐城考古队考古于皇宫、大东门一带建筑工地，发掘出唐代大型建筑遗址、排水沟和上百件瓷器具。

## 1998 年

4 月 6 日，市政府成立扬州市区古运河综合整治指挥部，蒋进任指挥，朱泽民、潘湘玉任副指挥，市计委、建委、交通局、水利局、财政局、规划局等部门以及广陵区、郊区、邗江县主要负责人为指挥部成员。指挥部办公室设在市建委，综合整治古运河扬州城区段（扬州闸至三湾）两岸。10月 8 日，古运河综合整治工程开工，工程总投资 2.4 亿元。2003 年底工程竣工，共疏浚河道 13.5 千米，护砌 25 千米，新建河道驳岸顶高程 6.6 米。同时搬迁两岸居民，整治、绿化两岸环境。整治后的古运河集防洪、灌溉、通航、环保、旅游等功能于一体，既提高防洪排涝标准，又改善人居环境。

8 月 11 日，蜀冈–瘦西湖风景名胜区被江苏省建委命名为首批“省级文明风景名胜区”。

## 1999 年

3 月 18 日，扬州汉广陵王墓博物馆一期工程竣工并开馆。

10 月 20 日，蜀冈–瘦西湖风景名胜区被中央文明办、建设部、国家旅游局联合命名为第二批全国文明风景旅游区示范点。

## 2000 年

1月8日,在市区淮海路北端建筑工地300余平方米内发现唐、宋、元时期的房址6处、灰坑数十座、炉灶4个、窖藏3处以及水井、道路等遗址。出土的文物证明此处为制作宝石饰品的作坊,属于晚唐以后扬州商业经济建筑分布——前店后作坊格局。

1月20日,联合国教科文组织官员浅川滋先生和建设部、国家文物局有关负责人在扬州考察瘦西湖、个园、何园、大明寺。

2月2日,市考古队在时代广场建筑工地发现古代文化遗迹和文物。其中一条相对完整的独木舟是扬州第三次发现完整的独木舟,另有一批唐代文物。3月31日,发现唐代水榭遗存。

3月8日,扬州唐城考古队在东关街宋大城东门遗址考古中发掘出宋大城瓮城。遗址占地1.2万平方米,由主城墙、瓮城、城外敌楼及对岸的敌台组成,共有7个出城门道,充分显示出扬州城在南宋与金、元争夺中的江北经济关口和军事堡垒作用。

4月20日,琼花观复建工程结束,对外开放。

6月23日,扬州东关街历史街区东圈门片保护与整治工作启动,总面积26.8公顷。11月28日,东圈门古街巷首期保护工程竣工。

## 2001 年

1月11日,蜀冈-瘦西湖风景名胜区被国家旅游局评为国家AAAAA级旅游区。

6月25日,普哈丁墓园被国务院公布为第五批全国重点文物保护单位。

12月28日,扬州汉广陵王墓博物馆“王后寝宫”复建成功,对外开放。

## 2002 年

4 月 16 日，普哈丁墓园整修后对外开放。

6 月 17—19 日，市委书记孙志军率领市党政代表团赴上海、宁波、绍兴、杭州等地学习考察旧城改造与历史文化名城保护、城市发展与现代化建设的经验与做法。

11 月 6 日，个园南部住宅修复工程启动。

## 2003 年

2 月 8 日，市委、市政府召开扬州市区环境整治 2002 年度工作总结表彰暨 2003 年度工作动员大会。2002 年，市区环境综合整治和重点工程建设完成投资 13.98 亿元。2003 年计划完成投资 70 亿元，主要实施开发古运河风光带，整治玉带河、漕河、沙施河、二道河 4 条河，开发保护古城区，改造新建景区广场，拓宽新建道路桥梁，消灭市区街巷土路，新增绿化 100 万平方米，加快西部新区建设，改造“城中村”，购置 100 辆公交车等环境综合整治“十大工程”。

7 月—12 月，荷花池公园影园遗址复建工程开工建设。

8 月，大王庙复建工程启动，总投资约 1255.7 万元。

12 月，市城建控股公司在教场地段建设教场商贸民居民俗文化区，对教场地段 8.08 万平方米实施旧城改造工程项目。

是年，整治邗沟河北岸，并对头道河实行综合整治；11 月至次年 4 月，对漕河高桥闸至縻庄闸段进行综合整治，完成漕河风光带一期建设；12 月至次年 4 月，对玉带河进行综合整治，工程从漕河至北城河，全长 1100 多米；对念四河实行综合整治，工程从瘦西湖西大门至新城河东鱼塘，全长 1600 米，分两期实施，8 月至 9 月完成一期工程，二期工程于 12 月开工，次年 3 月底竣工。

## 2004 年

3 月 26 日，发掘出宋大城北门水门遗址。水门遗址验证《嘉靖惟扬志》"宋三城图"中北门瓮城西侧有水门的记载，对于完整揭示扬州宋大城的内涵具有重要意义。

10 月 30—31 日，中国城市规划学会历史名城学术委员会年会在扬州召开，专题研讨扬州名城保护与建设。

12 月 24 日，扬州市荣获"中国人居环境奖"。

12 月 28 日，扬州市历史文化名城保护与利用、改造与复兴领导小组成立。

## 2005 年

11 月 29 日，联合国人居署执行主任、区域技术司司长 Danielblau 先生考察扬州人居环境，商谈古城保护项目合作等事。

12 月 22 日，个园、何园被国家旅游局公布为国家 AAAA 级旅游区。

## 2006 年

1 月，扬州汉陵苑被国家旅游局公布为国家 AAA 级旅游区（点）。

5 月 22—24 日，京杭大运河保护与申遗研讨会在杭州召开，市长王燕文出席大会并介绍京杭大运河在扬州经济、文化、城市发展史上的独特地位及近年来扬州市对运河的保护与开发情况。

5 月 25 日，国务院公布第六批全国重点文物保护单位，莲花桥和白塔、吴氏宅第、大明寺、小盘谷、高邮当铺、朱自清旧居入选名录。

8 月 12 日，同济大学教授阮仪三率国家历史文化名城研究中心有关专家来扬州，就促进古运河扬州段历史文化遗存的保护和开发利用进行调研。

9 月 20 日，扬州市被联合国人居署授予 2006 年度联合国人居奖。10

月 15 日，市委、市政府隆重召开扬州市荣获“联合国人居奖”庆祝大会。

## 2007 年

1 月 17 日，市政府印发《扬州文化博览城建设规划纲要（2006—2020）》。根据规划，扬州市将用 3 个 5 年时间，在市区建成 100 个左右充分体现扬州地方文化特色的文化博览场所。

2 月 9 日，建设部公布首批 20 个国家重点公园名单，扬州个园、何园入选。

4 月 17 日，宋夹城湿地公园工程竣工。

4 月 18 日，盐宗庙完成修复并对外开放。

12 月 22 日，扬州市历史文化名城研究院揭牌成立，与《中国名城》编辑部合署办公。

## 2008 年

1 月 6 日，市区教场复兴改造项目开工建设。作为综合性多功能的商业项目，立足于提供集多种服务于一体的一站式商业消费平台。规划面积 8.17 公顷。

9 月 12 日，住房和城乡建设部公布瘦西湖景区为第二批国家重点公园。

9 月 20 日，历史文化风情一条街——东关街重新整修后开街。

9 月 25 日，《中国名城》杂志公开发行首发式在扬州举行。

12 月 1 日，国家历史文化名城研究中心主任、同济大学教授阮仪三应邀来扬州，作《城市发展中的文化遗产保护和利用》专题报告。

12 月 8 日，唐城西门遗址在瘦西湖万花园二期工程考古工地出土。

## 2009 年

2 月 26 日，蜀冈生态新区经圩二路、西湖南路、司徒南路、锦城路和十里蜀冈绿化长廊开工建设，项目总投资3000多万元。

### 2010年

1月14日，扬州市第三座国字号的专业性博物馆——中国淮扬菜博物馆主馆展示区试开馆。

7月，“扬州古城保护”项目通过世博会专家委员会遴选，获批参加世博会城市最佳实践区第三类展馆展示。7月24日，“2010年上海世博会最佳实践区案例展示扬州案例”签约仪式在长乐客栈举行。

### 2011年

4月18日，马可·波罗纪念馆新馆建成开放。

4月，古运河大王庙至京杭大运河段环境综合整治工程竣工。

10月，甘泉路、广陵路综合整治改造基本结束，两条道路主干道全部修缮完成通车。

12月7日，扬州市区首批37处历史建筑名单公布。

年底，丁氏、马氏住宅修缮工程累计完成投资4039万元(其中2011年完成投资360万元)，完成修缮建筑面积3700平方米，恢复园林景观1325平方米，布置楹联匾额、室内家具等，具备展示条件。修缮工程于2010年8月启动，总投资4100万元。

年底，阮元家庙二期工程完成，包括复建隋文选楼、奉恩楼，完善周边建筑，总建筑面积5033平方米，总投资2200万元。

### 2012年

2月4日，安家巷通道整治工程开工，4月18日竣工，总投资6000万元。

4月15日，彩衣街综合整治工程竣工，该工程2011年6月开工，总投资756万元(其中2012年投资180万元)。

## 2013 年

4 月 18 日，马可·波罗铜像在东门遗址广场揭幕。

12 月 3 日，由扬州市名城建设有限公司负责建设、扬州意匠轩园林古建筑营造有限公司负责施工的双东历史街区又一精品——街南书屋修复工程被中国风景园林学会授予 2013 年度“优秀园林古建工程”金奖。

## 2014 年

2 月 19 日，古运河大王庙段（西起大五庙东侧，东至太平路）30 米风光带改造提升工程动工。这段长 1800 多米风光带将建设三大“文化体验区”——邗沟文化体验区、隋文化体验区和生态文化体验区。

4 月 8 日，双峰云栈复建工程竣工。

4 月 17 日，鉴真广场完工，鉴真东渡群雕像现场组装开放。

4 月 19 日，宋夹城体育休闲公园正式开园，免费对市民开放。

9 月 2 日—4 日，第十四届世界历史城市联盟大会在扬召开，来自日本、奥地利、澳大利亚、韩国、土耳其、英国、埃及等 16 个国家和地区的 29 个城市代表齐聚扬州，围绕“历史城市：传承古代文化，建设现代文明”的主题，共享历史城市的保护与发展经验。

9 月 24 日，大明寺“千年一修”工程竣工。

## 2015 年

1 月 13 日，护城河南侧新建的沿河观光步道贯通。观光道东起盐阜路个园景区对面的西侧，与护城河西段原观光通道相通，直达冶春。

3 月 25 日，重新建造的新北门桥通车。

4 月 21 日，住建部、国家文物局公布第一批 30 个中国历史文化街区，南河下历史文化街区入选。

# 后　记

本书是《扬州文化名城保护与复兴》丛书的一种，主要记述了新中国成立以后以来特别是进入新世纪以来，在历届市委、市政府的领导下，扬州古城得以全面保护和复兴的简要历程。

全书大纲由王虎华、薛炳宽、高永青、方亮拟定。各章撰写人员为：第一章：邱振华、高永青；第二章：高永青；第三章：邱正锋、薛炳宏；第四章、大事记：方亮；书中人物采访部分由王蓉完成；全书图片收集工作由洪晓程承担。王虎华对全部书稿作了修改统稿。

本书编撰过程中，得到了各方面的大力支持和帮助，谨向所有关心、支持编撰工作的部门和同志表示衷心感谢。

由于时间仓促和能力所限，书中难免存在不当与疏漏，敬请读者批评指正。

编　者

2016 年 8 月

# 丛书跋

王克胜

每个城市都有自己的发展轨迹，都有自己鲜明的个性特色，尤其是著名的历史文化名城。扬州是一座“通史式”的城市，祖先馈赠的丰富遗产，让扬州人骄傲地生活在历史的辉煌中。绵延的历史传承仿佛一条纽带，它紧紧连接着2500年的历史变迁，维系着这座城市的城市风貌和民风民俗，又引导着这个市域的经济社会向更高阶段发展。自国务院公布第一批中国历史文化名城以来的三十多年间，扬州城在文化古城的保护、利用、改造、复兴的过程中，以自己的独有的坚守，有力地推动了传统文化的传承和发展，其名城保护水平一直位于全国前列。特别是进入新世纪以来的十几年间，历史传承、地域文化、风土人情等，循着2500年的历史文脉，在当今扬州城的建筑风格、街区形态和都市风貌中得到充分的展现和诠释。扬州的成功实践，已然凝结成令世人瞩目的文化古城保护与复兴的“扬州模式”。

市委、市政府在高度重视古城保护与复兴工作的同时，也同样重视对“扬州实践”与“扬州模式”的总结与完善。今年初，市委书记谢正义同志提议编撰一套记述扬州古城保护与复兴实践的丛书，并把酝酿编撰方案的任务交给市政协。市政协进行了认真研究，委托文史委主持起草了丛书编撰方案，上报市委。5月28日，市委常委会决定，由市政协牵头组织编辑出版《扬州文化名城保护与复兴》丛书。谢正义书记要求，丛书要以可信、可读、可传为原则，体现敬畏意识、传承品德、工匠精神、舍得投入、市民参与等核心思想，要经得起历史检验。

按照市委要求，我们立即组织成立了丛书编委会，完善细化各册编写大纲，落实了编撰人员。编务方面的组织、协调、联络等工作，由市政协文史委承担。6月初，召开了丛书编撰工作部署会，洪锦华主席提出了统一思想、明确要求、抓紧部署、有力保障等要求，动员各方力量，集中精力，投入到丛书编纂工作中。几个月来，全体编撰人员先是通过翻检资料、走访当事人、实地考察等积累素材，构思谋篇，而后专心撰稿、精心配图、细心编审、用心设计，付出了辛勤的劳动，在规定时间完成了任务。整个丛书编撰工作，得到了市建设局、文化博览城建设领导小组办公室、市文物局（大运河保护与管理办公室）、蜀冈－瘦西湖风景区管委会、广陵书社，以及市档案局、规划局、园林局、文化广电新闻出版局、报业传媒集团、名城建设公司等各方面的大力支持。在此，谨向为丛书编撰给予支持帮助的所有单位和人员致以真诚的谢意。

由于时间甚为仓促，加之编撰人员众多，表达方式与文笔风格多有差异，舛谬粗陋之处在所难免，可谓虽勉力而不能尽美，恳请方家批评指正。

（作者为扬州市政协副主席）